L'HORTICULTURE

FRANÇAISE

SES PROGRÈS ET SES CONQUÊTES

DEPUIS 1789

PAR

CHARLES BALTET

HORTICULTEUR A TROYES
PRÉSIDENT
DES COMITÉS D'ADMISSION ET D'INSTALLATION ET DU JURY DES RÉCOMPENSES
A L'EXPOSITION UNIVERSELLE INTERNATIONALE DE 1889 (CL. 81)

ÉDITION ILLUSTRÉE DE 110 DESSINS OU PHOTOGRAVURES :
PORTRAITS, PLANS, VUES, VÉGÉTAUX, ETC.

PARIS

LIBRAIRIE AGRICOLE	LIBRAIRIE G. MASSON
26, RUE JACOB, 26	120, BOULEVARD SAINT-GERMAIN, 120

A LA SOCIÉTÉ NATIONALE D'ACCLIMATATION
41, RUE DE LILLE, 41

ET CHEZ L'AUTEUR, A TROYES

1892

L'HORTICULTURE FRANÇAISE

SES PROGRÈS ET SES CONQUÊTES DEPUIS 1789

L'HORTICULTURE

FRANÇAISE

SES PROGRÈS ET SES CONQUÊTES

DEPUIS 1789

PAR

Charles BALTET

HORTICULTEUR A TROYES

PRÉSIDENT

DES COMITÉS D'ADMISSION ET D'INSTALLATION ET DU JURY DES RÉCOMPENSES

A L'EXPOSITION UNIVERSELLE INTERNATIONALE DE 1889 (CL. 81)

ÉDITION ILLUSTRÉE DE 110 DESSINS OU PHOTOGRAVURES :
PORTRAITS, PLANS, VUES, VÉGÉTAUX, ETC.

PARIS

LIBRAIRIE AGRICOLE	LIBRAIRIE G. MASSON
26, RUE JACOB, 26	120, BOULEVARD SAINT-GERMAIN, 120

A LA SOCIÉTÉ NATIONALE D'ACCLIMATATION

41, RUE DE LILLE, 41

ET CHEZ L'AUTEUR, A TROYES

—

1892

Cette conférence a été faite au Trocadéro, à l'occasion de l'Exposition universelle internationale de 1889, à Paris, sous les auspices du Ministère de l'Industrie, du Commerce et des Colonies, et imprimée à l'Imprimerie nationale au Tome second des CONFÉRENCES DE L'EXPOSITION UNIVERSELLE DE 1889.

Elle est publiée et illustrée aujourd'hui par les soins de la Société nationale d'Acclimatation de France, dans la Revue des Sciences naturelles appliquées, *années 1891 et 1892.*

Dans sa séance publique de 1891, la Société d'Acclimatation a décerné la GRANDE MÉDAILLE D'OR *à l'auteur*, M. CHARLES BALTET.

M. EUGÈNE TISSERAND

Directeur de l'agriculture au Ministère de l'Agriculture
Conseiller d'État
Grand-Officier de la Légion d'Honneur

A Monsieur Eugène Tisserand.

MONSIEUR LE DIRECTEUR,

Dans la haute situation que vous occupez au Ministère de l'Agriculture et aux Conseils de l'État, vous avez toujours encouragé les hommes de travail et contribué, dans une large mesure, au développement de l'Agriculture nationale.

La branche si importante du jardinage — importante par l'exploitation des jardins de produit ou d'agrément et par son enseignement à tous les degrés — n'a pas échappé à votre bienveillante sollicitude. Sous une impulsion paternelle et savante, les principaux organes du mouvement agricole et horticole ont redoublé d'ardeur avec un entrain soutenu, en élevant notre Horticulture au premier rang.

L'hommage de cette Étude sommaire sur les progrès et les conquêtes de l'Horticulture française depuis 1789 vous est légitimement dû. Permettez-moi de vous l'offrir, cher et honorable Directeur, avec l'expression de mes sentiments respectueux.

CHARLES BALTET.

Septembre 1892.

L'HORTICULTURE FRANÇAISE

SES PROGRÈS ET SES CONQUÊTES DEPUIS 1789

Conférence faite au Trocadéro le 24 septembre 1889

PAR

Charles BALTET.

La période de 1789 à 1889 a été pour l'horticulture française une ère de travail et de progrès incessants.

L'œuvre de nos aînés, déjà prospère et continuée avec ardeur, en développant ses moyens d'action, s'est plus vivement encore implantée dans nos mœurs avec l'esprit de famille et la vie publique. On peut dire que, malgré les agitations intérieures ou extérieures, malgré les crises politiques ou commerciales, le jardinage a marché de l'avant, la tête haute et n'a jamais quitté la voie du succès.

Les découvertes de la science et les bienfaits de l'instruction à tous les degrés ont secondé ce mouvement général vers la prospérité du pays, les Gouvernements en ont favorisé l'essor.

A côté des projets d'État sur l'enseignement agricole, sur l'allègement des charges imposées aux travailleurs, sur les traités de commerce, le tarif des transports ou visant la garantie des engrais, ordonnant la destruction des animaux nuisibles, boisant les montagnes, organisant les concours régionaux et les primes d'honneur de l'horticulture (1), rédigeant les statistiques, telles que Lavoisier les réclamait en 1791, nous plaçons le programme plus terre à terre des particuliers isolés ou groupés dans un but commun :

Perfectionnement des méthodes d'exploitation du sol ;

Transformation des friches en cultures de rapport ;

---

(1) Les Concours régionaux agricoles ont été institués en 1857 ; l'Horticulture. qui s'y trouvait admise d'une façon indirecte, y est entrée de plain-pied en 1884. par la création de la prime d'honneur de l'horticulture ; deux années après, l'arboriculture obtenait sa prime d'honneur spéciale.

Pendant cette période, le Gouvernement de la République créait, le 14 novembre 1881, le MINISTÈRE DE L'AGRICULTURE et instituait, le 7 juillet 1883, l'Ordre du Mérite agricole « destiné à récompenser les services rendus à l'agriculture ».

1

Recherche de races nouvelles de végétaux d'utilité ou d'agrément, par la voie du semis ou de l'importation ;

Vulgarisation des bonnes espèces ou des variétés intéressantes et moyens de les employer avec art et profit.

Le mot d'ordre général étant tout entier à l'émancipation, le courant devait fatalement entraîner le flot populaire vers l'esprit d'association, port de salut, de défense ou de refuge. Les amis des jardins ne tardèrent pas à fonder de leur propre initiative des Sociétés, des Cercles, des Comices consacrés spécialement à la réalisation du programme ci-dessus énoncé.

Contrairement aux paroles du député Darblay, « l'horticulture est la mère et le modèle de l'agriculture », prononcées depuis à la tribune, le 15 juin 1847, l'Agriculture française avait cette fois devancé le mouvement. Le 1er mars 1761, Trudaine et Turgot, appréciant la tentative de Gournai, à Rennes (1756), firent rendre par le Conseil un arrêt qui prescrivit l'établissement d'une Société d'agriculture dans la généralité de Paris. Le marquis de Turbilly, président de section, avait organisé les premiers concours agricoles en France, dans ses terres de l'Anjou, dès l'année 1755.

La première Société d'horticulture de Paris, actuellement Société nationale d'horticulture de France, remonte au 11 juin 1827, et sa première exposition au 12 juin 1831, tandis que la Société nantaise d'horticulture, fondée en 1828, débutait le 4 octobre 1829 par une fête des fleurs.

Des centres importants : Paris, Rouen, Troyes, Lyon, Marseille, Lille, Orléans, Melun, Montmorency, ont possédé deux Sociétés d'horticulture à la fois.

Depuis soixante ans, ces associations sont arrivées, en France, au nombre de 200 ; elles reçoivent les encouragements de l'administration supérieure, des départements et des villes. Les ressources dont elles disposent leur ont permis de créer des jardins d'expériences et de démonstrations, de propager par la parole ou par la plume les bons principes de culture et d'ouvrir des expositions publiques où sont admis les végétaux rares ou bien cultivés.

Lorsqu'on se reporte à la première exhibition florale qui se tint du 6 au 9 février 1809, dans un cabaret de Gand, ville française d'alors, où 46 plantes concouraient pour un prix et deux accessits, et que l'on compare avec les Floralies internationales du Casino gantois et du Trocadéro parisien, où les produits se comptent par milliers, où les objets d'art et les croix d'honneur couronnent les vainqueurs... quelle révolution !

La petite avant-garde qui, le 10 octobre 1808, a jeté les bases de l'entente mutuelle, a droit à la reconnaissance de l'horticulture. Les gros bataillons sont arrivés ensuite ; aujourd'hui, les Sociétés d'horticulture, c'est tout le monde.

André Thouin (1745-1824), jardinier en chef et professeur au Jardin des Plantes de Paris, le premier jardinier du XVIII° et du XIX° siècles.

Parallèlement à ces fêtes fréquemment renouvelées sur tous les points du territoire, se sont organisés des cours publics de culture pratique ou raisonnée, sédentaires ou nomades ; ils attirent la foule et sont vivement applaudis. Nos contemporains n'ont certes pas oublié les leçons d'arboriculture données au Luxembourg par Hardy père (1787-1876), au Muséum d'histoire naturelle par Dalbret (1785-1858), à Montreuil par Alexis Lepère (1799-1882).

Exposition florale ouverte au cabaret de Frascati, à Gand, sous-préfecture du département français de l'Escaut, le 6 février 1809.

Exposition florale ouverte par la Société nationale d'horticulture de France, au Pavillon de la Ville de Paris, le 23 mai 1882.

Nos pères ne s'étaient-ils pas délectés aux savantes leçons d'André Thouin, cet enfant du Jardin du Roi devenu une de ses gloires et par la dignité de son caractère, et par le succès de ses œuvres de science ou de pratique, et par les honneurs qui vinrent couronner sa longue et laborieuse carrière?

La protection effective du Gouvernement actuel, en ce qui concerne l'enseignement horticole, se manifeste nettement à la fondation de l'École nationale d'horticulture de Versailles, placée dès le début, sous la direction d'un homme supérieur. N'est-ce pas une pépinière de professeurs et de jardiniers d'élite? C'est la réalisation du vœu que nous avons

M. Auguste Hardy, directeur de l'École nationale d'horticulture de Versailles.

formulé à la Société des agriculteurs de France, au nom de la Section d'horticulture, dans sa session de 1872. L'année suivante, sur la proposition de Pierre Joigneaux, publiciste agricole, député de la Côte-d'Or, et conformément aux conclusions de l'agriculteur Guichard, député de l'Yonne, rapporteur, l'Assemblée nationale, dans sa séance du 16 décembre 1873, vote la création d'une École nationale d'horticulture et son installation dans les bâtiments et les jardins du Potager du Roi, construit de 1679 à 1683 à Versailles, où il occupe une superficie de dix hectares.

Par son expérience éclairée, M. Auguste Hardy, jardinier en chef du Potager de Versailles, est tout désigné pour les fonctions de Directeur de l'École, et l'ouverture des classes en a été faite le 1er décembre 1874.

En même temps, l'enseignement de l'horticulture était inscrit au programme des Écoles d'agriculture, des Écoles normales et des Écoles primaires.

L'enseignement agricole et les encouragements à notre « mère nourricière » figurent en ce moment, au budget du Ministère de l'Agriculture, pour une dépense de 8 millions de francs — non compris quelques annexes au budget d'autres Ministères —, alors que sous la Restauration ce chiffre n'atteignait pas 90,000 francs.

De temps en temps, nous assistons à l'inauguration de colonies, d'orphelinats, d'asiles destinés à recueillir les enfants déshérités et à leur inspirer l'amour du travail et de l'exploitation du sol. Espérons que l'avenir de ces institutions éminemment d'ordre public se trouvera à l'abri des vicissitudes qui ont anéanti quelques-unes de leurs aînées.

Sous Charles X, le chevalier Soulange-Bodin (1774-1846) organise à Fromont, près de Ris, un Institut royal d'horticulture. Le cours d'horticulture professé par Poiteau (1766-1854) est un modèle du genre et des praticiens distingués y ont fait leur apprentissage. La révolution de 1830 entraîna la chute de l'École.

Déjà, l'orage de 1789 avait détruit : 1o l'École des pépiniéristes créée en 1767, avec le concours de l'État, en faveur des pupilles de l'Assistance publique de Paris, à la Rochette, près de Melun, par notre compatriote Moreau (1720-1791), anobli et nommé inspecteur général des pépinières de France ; 2o une École de jardiniers commencée aux environs de Strasbourg par le baron de Butret.

Un autre élément du progrès, la presse horticole, devait inévitablement se faire jour et grandir ; elle ne se fit pas attendre. Malgré les bons livres qui se succédaient, malgré les bulletins des Sociétés, on vit tout à coup apparaître des revues périodiques, des journaux exclusivement consacrés au « culte de Flore et de Pomone ». Composition soignée, illustrations au burin ou au pinceau, texte confié à de sagaces observateurs, à des docteurs ès jardinage, subvention des ministères, rien n'y a manqué. La *Feuille d'agriculture et d'économie rurale* qui débute le 12 mai 1790, puis le 3 octobre suivant, sous le titre de la *Feuille du cultivateur*, avec Broussonnet, Parmentier, Thouin, Vilmorin, suppléera aux Mémoires de la Société royale et centrale d'agriculture mise en sommeil ou tenue en suspicion par la loi des 8-14 août 1793, et réveillée le 12 juin 1798. Cette « Feuille » est la grand'mère de toutes les publications agricoles ; cependant l'*Almanach du Bon Jardinier* date de 1754, il se renouvelle tous les ans ; et la *Revue horticole* dirigée par nos amis E.-A. Carrière, l'auteur du *Traité général des Conifères,* et Édouard André, à qui nous devons le *Traité général de la composition des parcs et des jardins,* célèbre en ce moment la soixante et unième année de son existence.

La presse française compte encore aujourd'hui, outre les journaux mixtes, *Le Moniteur d'horticulture,* par Lucien Chauré, le *Journal de vulgarisation de l'horticulture,* par Léopold Vauvel, le *Journal des roses,* par ·Scipion Cochet, tous les trois fondés en 1877 ; le *Lyon-horticole,* par Viviand-Morel, en 1879 ; l'*Orchidophile,* 1881, et *Le Jardin,* 1887, par Godefroy-Lebeuf.

Le rôle multiple d'éclaireur, d'instructeur, de critique, observé avec prudence et talent, garantit au journalisme un succès de bon aloi. Les exemples ne manquent pas. En résumé, et quelles que soient ses erreurs ou ses incertitudes, on peut affirmer que la presse horticole a rendu et rend encore des services au pays.

De ce prisme historique, la facette la plus brillante, celle qui doit exciter l'enthousiasme d'un auditoire convaincu, sera certainement le chapitre relatif à la découverte de végétaux inédits. Les uns sont, on peut le dire, le fruit de patientes combinaisons du semeur ; les autres, recueillis à grands frais, ont été arrachés à leur berceau par d'intrépides voyageurs, au péril même de leur vie.

Chercher l'inconnu ! quel puissant attrait pour la jeunesse, pour les imaginations ardentes et courageuses ! Explorer des contrées lointaines, franchir les obstacles, braver les dangers et rapporter à la mère-patrie tout ce qui peut charmer notre existence, ou bien ajouter une ressource nouvelle à l'alimentation publique, accroître la richesse de nos forêts, la beauté de nos jardins !... Est-il une mission plus noble ?

Honneur à ces vaillants, gloire à tous ces pionniers infatigables ! une couronne les attend au retour... Hélas ! la fortune n'a pas souri à tous... Trop de cyprès funèbres ont remplacé les lauriers de l'espérance ! La reconnaissance populaire n'inscrira pas moins leur nom au Panthéon des bienfaiteurs de l'humanité !

Explorateurs botanistes sur le talus du Rio Guatiquia. (Voyage de M. Ed. André dans l'Amérique équinoxiale, 1875-1876.) Gravure du *Tour du monde*, 9 mars 1878.

I. Plantes potagères.

Toujours la « lutte pour la vie » a guidé les actions de l'homme. Pendant des siècles, il a fouillé le domaine de la végétation spontanée et cherché à en assimiler les produits à ses besoins.

Peu de plantes inédites sont entrées au potager depuis cent ans. Nous ne voulons pas dire que l'espoir du profit, toujours agréable au fleuriste chercheur de nouveautés, pourrait bien occasionner ici quelque déception ; mais la moisson était faite depuis longtemps et les glanages, certes, ne sont pas la récolte ; le maraîcher a plutôt dirigé ses vues vers le perfectionnement des procédés de culture en décuplant le revenu du sol, et vers l'amélioration ou la sélection des espèces alimentaires déjà connues.

Cependant nos tables ont gagné quelques ressources de plus par l'étude des végétaux indigènes ou exotiques.

D'abord, la flore d'Europe, consultée lors de la maladie de la Pomme de terre, nous a procuré le Cerfeuil tubéreux; sa racine est comestible. Il y a une cinquantaine d'années, Jacques (1782-1866), jardinier de Louis-Philippe, au domaine de Neuilly, soutenu par les expériences de Bossin, de Louesse, de Courtois, en recommandait la valeur nutritive. Dix ans après, Vavin d'abord, Aubé, Limet, et Vivet ensuite, reprirent la cause en mains, et il a fallu une nouvelle période décennale pour que cette Ombellifère bisannuelle figurât dans nos expositions maraîchères et pour qu'elle fût admise au catalogue des marchands de graines.

Dans quelques mois, vous verrez le Cerfeuil tubéreux à la vitrine des restaurants de haute marque et sur le menu des gourmets délicats. Le rendement relativement faible de la plante ne lui_a pas encore donné place aux marchés populaires.

Plus promptement a été accepté le Chou à jets, dit « Chou de Bruxelles ». Sa culture étant facile et sa production abondante, il a été accepté sans hésitation. Botaniquement, ce n'est ni une espèce, ni une variété, mais simplement une déformation d'un Chou déjà connu, une race suffisamment fixée. Quelques retours au type tendraient à le prouver, surtout quand la semence est récoltée au sommet de la souche mère. Maintenant est-il né sur les rives de l'Escaut ou non loin de la Seine...? De quelle espèce descend-il? Le *Bon Jardinier*, de 1805, signale pour la première fois le « Chou vert frangé, Chou frisé d'Allemagne ou à rejets du Brabant », sans se préoccuper de sa véritable origine.

N'est-ce pas à un cas analogue de dimorphisme que nous devons le Céleri-rave déjà connu en 1789 ? Le renflement du collet, prisé par le consommateur, est aux dépens de l'ampleur et de la densité des pétioles de la plante ; mais la race est constituée, la graine la reproduit.

Le Fraisier avait déjà de nombreux représentants locaux ou étrangers parmi les petits fruits et les Caprons. Les

L'hortillonnage à Amiens. Cultures potagères et fruitières,
d'après les méthodes primitives et traditionnelles.

types de la Virginie et de la Caroline nous étaient venus d'Angleterre, et le capitaine Freize, de notre génie maritime, avait apporté, en 1714, la grosse Fraise du Chili sur les côtes de Bretagne, où elle figura longtemps dans les fraiseraies de Plougastel. La Fraise *Ananas* vint cinquante ans plus tard, elle étendit son aire de Brest à Angers. Quelques hybridations furent obtenues ; mais les apports de l'Angleterre par Noisette en 1824 et de la *Keen's Seedling* en 1830, furent le point de départ de la série des « grosses Fraises ». De nos gains français, on recommandera longtemps encore et l'excellente *Docteur Morère* de Berger (1867), et la précoce *Marguerite* de Lebreton (1859), et la tardive *Lucie* de Boisselot (1856), et la populaire *Héricart* (1849) de Jean-Laurent Jamin (1793-1876), un maître de l'horticulture pratique. Cette dernière Fraise est très répandue dans les vallées siliceuses ou calcaires de la Bièvre ou de l'Yvette, tandis que l'hortillonnage plusieurs fois séculaire d'Amiens, en sol tourbeux, exploite la *Morère* et la *Marguerite* en plein air ou sous verre.

Isidore Geoffroy Saint-Hilaire
(1805-1861)
Membre de l'Institut (Académie des Sciences), professeur-administrateur au Muséum d'histoire naturelle,
Président-fondateur de la Société nationale d'Acclimatation de France.

Quant au Fraisier des *Quatre-Saisons*, si avantageux, il a produit en 1819, chez Le Baudé, à Gaillon, une race buissonnante. De temps en temps, le semis de l'espèce traçante donne naissance à quelque forme, à quelque coloris particulier.

L'Amérique du Sud nous avait fourni la Patate, l'Aubergine, des Piments et la Tomate; celle-ci franchit une seconde fois les Pyrénées à la suite des guerres d'Espagne, vers 1820. Notre Sud-Ouest ne tarde pas à en faire l'objet de cultures industrielles ; à la récolte du fruit, le jardinier fabrique des conserves de tomates et les livre au commerce ou à la consommation. Réveillée et métamorphosée sous l'impulsion du jardinier académicien Charles Naudin, directeur de la station expérimentale de la villa Thuret, la région d'Antibes, à son tour, exploite avec bénéfices cette Solanée en primeurs.

Vers 1855, avec l'intermédiaire de la Société d'acclimatation, fondée en 1854 par un naturaliste de grande valeur, Isidore Geoffroy Saint-Hilaire (1805 – 1861), notre consul, Charles de Montigny (1805-1868), à Shang – Haï, nous envoie un mets délicat, une racine charnue, fusiforme, gorgée de fécule : l'Igname de Chine, Dioscoracée grimpante, avec d'autres plantes non moins utiles, inédites ou à peu près : le Maïs géant, le Riz sec, le Sorgho à sucre, le Soja hispida et ses variétés ; ni l'une ni l'autre de ces orientales n'ont dit leur dernier mot. Quoi qu'il arrive, notre Société d'Acclima-

Igname de Chine.

tation, dont les services rendus à l'agriculture, au jardinage et à l'économie domestique s'accentuent tous les ans, pourra s'enorgueillir d'avoir contribué à la vulgarisation de ces végétaux.

Depuis, en 1882, le docteur Bretschneider, médecin de la légation russe à Pékin, expédie à la Société nationale d'acclimatation un tubercule de modeste apparence qui promptement s'impose aux tables d'amateurs ; il s'agit du Stachys, Épiaire à chapelet, ou Crosne de Paillieux. Supérieur à son congénère des marais étudié en 1830 par Jacques et Poiteau, et plus tendre que le Scolyme d'Espagne réintroduit à cette époque, dans le potager, par Robert, de Toulon, vivra-t-il plus longtemps que le Petsaï, Chou de la Chine, cultivé par Pépin dès 1830 ; sera-t-il mieux goûté que le Daïcon, radis du Japon exposé à Paris en 1841 par le missionnaire Voisin, ou restera-t-il incompris comme le Fenouil d'Italie, recommandé par Pyrame De Candolle (1778-1841) ?

Le bagage des importations maraîchères est assez léger ; admettons la Tétragone « Épinard d'été » rapportée de la Nouvelle-Zélande par un ami des naturalistes, Joseph Banks, de l'expédition Cook, et qui pénètre en France trente années plus tard, vers 1802.

Mais pouvons-nous dire que le bagage est mesquin, lorsque nous touchons à la vulgarisation de la reine du potager, de la Pomme de terre ?

Importée depuis deux siècles, notre Solanée tubéreuse courait le monde et végétait misérablement, sans se fixer nulle part, sans dévoiler les richesses nutritives ou industrielles cachées sous sa robe de bure. Il a fallu d'abord le coup d'œil de Duhamel et de Turgot, puis la ténacité d'un savant doublé d'un philanthrope, de Parmentier (1737-1813), pour en dévoiler publiquement les mérites et l'imposer à la grande et à la petite culture. Aussi la Convention nationale, en l'an II, n'hésite-t-elle pas à exciter les cultivateurs à étendre la culture de la Pomme de terre, d'après les instructions du Comité d'agriculture institué au Ministère de l'Intérieur pendant la Révolution et comprenant des noms tels que ceux de Parmentier, de Vilmorin, de Thouin, de Cels, de Berthollet, de Gilbert, de Huzard.

Tétragone de la Nouvelle-Zélande.

A dater de 1842, la « Parmentière » est menacée par l'indomptable cryptogame *Peronospora* ou *Phytophthora infestans;* bien vite, on lui cherche des suppléants parmi les végétaux tubérifères. Après la Patate élevée sur couche et le Topinambour arraché à la ferme, on a recours à l'Apios, récolté chez les Osages, en 1848, par Trécul, même à la Picquotiane ; on essaie les Oxalis de la Bolivie, les Capucines de Valparaiso; on soumet à la cuisson le Colocasia, le Caladium des mêmes parages ; et la Gesse tubéreuse, et l'Ulluco sont accommodés à toutes sauces. N'avons-nous pas échappé au Solanum *anthropophagorum*, l'assaisonnement des malheu-

reux « blancs » égarés dans les îles Salomon ou Fidji... ?
O aimable et poétique Brillat-Savarin ! La *Physiologie du
goût* n'avait pas prévu un rôti aussi réaliste !

La racine du Dahlia a été mise sur le tapis. N'est-on pas
allé jusqu'à la Bryone, jusqu'au Tamus, au Boussingaultia ?
Fort heureusement,
les novateurs se sont
repliés en bon ordre
vers notre « Morelle
tubéreuse », et la
sélection aidant, la
Pomme de terre s'est
elle-même reconsti-
tuée. Actuellement,
les variétés en sont
très nombreuses et
divisées par groupes
de précoces à châs-
sis, de tubercules
pour l'alimentation

Pomme de terre.

de l'homme ou pour le bétail, d'espèces à féculerie, etc.
La production générale en France est évaluée, par la Statistique officielle de 1888, à 103,450,988 quintaux de tubercules. Les 4,300 hectares de
1789 se sont élevés, après cent
années de labeur, à 1,500,000
hectares de Pommes de terre !

*Époque de la Pomme de terre
et de la Betterave à sucre*, tel
sera probablement le nom donné
à cette phase de notre histoire.

Si le maraîcher n'a guère de
nouveautés à soumettre au consommateur, en revanche il amé-
liore les genres cultivés et augmente la production de la terre.
Avec lui, plus de jachères, suivant les conseils de Boussingault,
plutôt dix « saisons » dans l'année. Peu lui importe la nature
du sol, théâtre de ses exploits ;

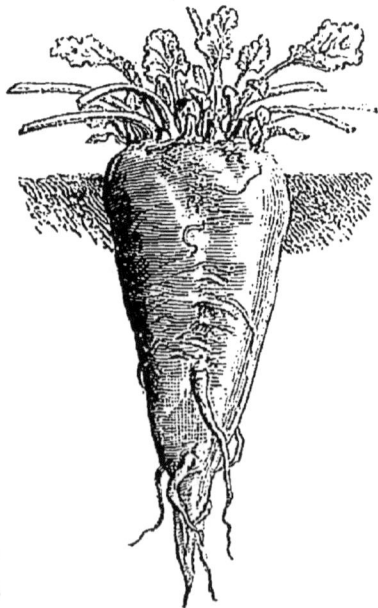

Betterave à sucre.

le fumier, le terreau, l'eau, le verre et les paillassons lui suffisent. C'est le triomphe de la culture intensive.

En même temps, à proximité des villes, plus d'un agriculteur abandonne les céréales et consacre champs et engrais à la production maraîchère. Chaque matin, dans la saison, il amène des chariots de légumes aux Halles et s'en retourne le cœur joyeux, la bourse garnie ; ce qui ne lui arrivait pas toujours avec le blé, les fourrages, les oléagineux, les textiles ou le bétail.

Une source importante de débouchés pour nos productions alimentaires est l'usine aux légumes séchés ou comprimés, destinés aux approvisionnements de l'armée, de la marine et des voyages au long cours. Cette industrie, créée vers 1846 par le jardinier Masson, de la Société d'Horticulture de la Seine, était entrevue depuis six ans, à la suite des expériences sur la conservation des Choux entreprises par Sylvestre et Alaine, jardiniers en chef de l'Institut royal agronomique de Grignon, d'après les conseils du professeur Philippar (1802-1849) et qui motivèrent une étude spéciale du chimiste Payen. La population parisienne se souvient des services rendus pendant le siège par les conserves en magasin et par les légumes cultivés sur les terrains vagues, aux frais du Gouvernement de la Défense nationale, sous la direction de Pierre Joigneaux et de Napoléon Laizier.

Examinons les plantes potagères de grande culture.

L'Artichaut occupe de vastes surfaces en Provence, en Bretagne, dans le Laonnais, l'Anjou, la Vendée, le Poitou, le Roussillon et s'exporte par terre et par eau.

L'Asperge, confinée d'abord à Argenteuil, prend ensuite ses ébats au large et s'installe un peu partout, cultivée à la main, à la charrue, ou soumise au forçage, jusqu'en Algérie. Savez-vous combien, en 1889, il est entré d'Asperges à Paris, l'exposition aidant ? Dix millions de kilogrammes !

Le Cardon et le Crambé, plus casaniers, gardent leurs positions dans le sud et l'ouest, malgré la succulence de leurs pétioles blanchis à l'aide de soins particuliers.

La Carotte est populaire quand même. On devance sa période par le châssis, on la retarde par le silo. La ville de Paris en consomme quarante millions de kilogrammes par année.

Le Céleri s'est démembré avec le Céleri-rave ; d'autre part, il a agrémenté sa tournure ou son feuillage chez quelques plants déclassés, et il a fait ainsi le bonheur du chasseur aux nouveautés.

La Chicorée, se prêtant à l'étiolat en cave, devient une exploitation capitale ou met en relief le type sauvage amélioré par Antoine Jacquin en 1829, et les espèces à grosse racine de Magdebourg et de Bruxelles, l'excellente Witloof.

Le Chou multipliant ses formes et se subdivisant en Chou cabus, Chou de Milan, Chou vert ou fourrager, etc .Le Chourave et le Chou-navet, propagés par les Vilmorin, ne sont pas goûtés par nos nationaux avec l'appétit de nos voisins d'outre-Rhin. Le Chou-fleur et son proche parent le Brocoli affluent, au contraire, arrivant de loin par wagons, ou de près par voitures complètes.

La série des Concombres anglais, italiens, grecs, turcs, russes, africains, chinois, indiens ou haïtiens, sans oublier l'humble Cornichon...; notre population flottante de France, celle surtout qui nous vient du pays des milords et des boyards, les a mis à toute sauce.

Et les Courges qui ouvrent leurs rangs aux races étrangères et qui se prêtent aux croisements résultant de leur voisinage réciproque : cet élément des potages et des pseudo-compotes d'abricots est de bonne vente partout, même en boutique.

Deux plantes vulgaires, le Cresson et le Pissenlit, bénéficient auprès du consommateur de l'attrait de la verdure en toute saison. Les cressonnières, façon Senlis, commencées par Cardon en 1811, et façon Gonesse, par Fossiez en 1815, sont devenues une ressource pour les localités marécageuses, et souvent la « Dent de lion » rapporte plus que la prairie où elle croît volontiers. Le Pissenlit *amélioré* par Vilmorin est devenu *à cœur plein* chez François Calais, à Pont-Sainte-Maxence, vers 1860.

Les Haricots sectionnés par groupes, nains ou à rames, avec ou sans parchemin, ont bien vite franchi le domaine de la grande culture et gagné leur pavillon à la Halle aux grains.

Les Laitues pommées, ou Romaines, sont plus d'une fois venues en culture dérobée, à l'air libre ou sous châssis.

Les Melons laissant à la plaine leurs types dits *brodés* ou de Cavaillon, pour se concentrer avec le Cantaloup et ses dérivés sous bâche ou sur couche libre. Le premier Melon

2

« mûr à point » est toujours le triomphe du jardinier de maison bourgeoise et le point d'honneur de la maraîchère qui arrive au marché.

Les Navets à peau blanche, jaune, rose ou noire, à collet vert ou violet, font partie de la rotation de l'exploitation rurale.

Egalement cultivés en plein champ, les Oignons hâtifs ou tardifs, accaparés à la cuisine avec leurs frères Ail et Échalote, sont de vente et de transport faciles.

L'Oseille alimente la table et l'usine ; moins prétentieux, l'Épinard reste le « balai de l'estomac », même chez nos bons *régétariens*.

Le Poireau traditionnel vit des égouts de la grande Ville, grâce aux travaux d'épuration et de canalisation entrepris par les ingénieurs Belgrand, Mille, Durand-Claye.

Le Pois, encore un pourvoyeur de la ferme en détresse, avec ses variétés naines, demi-naines ou grimpantes, à grain vert ou ridé. L'industrie des conserves en absorbe, à chaque saison, des millions de kilogrammes.

Les Radis d'été, d'automne ou d'hiver, longs, ronds ou courts, le jardinier les cultive à titre supplémentaire et en tire bon profit.

Nous avons passé sous silence quelques légumes auxiliaires, condiments ou « fournitures », mais dans cette revue rétrospective, nous devons citer l'exploitation des Champignonnières dans les carrières suburbaines, grâce au jardinier Chambry qui en eut la première idée vers 1800. Cet essai heureux mit en valeur les souterrains délaissés ; bientôt Legrain, à Montsouris, Aubin, David, Heurtault, au Petit-Montrouge, Bridault, à Gentilly, Noaillon, à Ivry, Leroux, à Charenton, etc., firent sortir des flancs de la région parisienne des milliers de maniveaux de l'Agaric comestible. D'après les *Consommations de Paris*, par Husson, il entrait, en 1873, sur les marchés de la capitale 1,080,000 kilogrammes de Champignons de carrière, sans compter l'approvisionnement direct des usines qui ont exporté dans le cours de cette même année 800,000 boîtes de Champignons conservés. Pourquoi ne dirions-nous pas qu'en ce moment, plus de 250 Champignonistes exploitent 3,000 carrières dans le département de la Seine, et produisent plus de 10 millions de kilogrammes par an ? L'un d'eux, pour 8,000 mètres de *meules*, occupe 50 ouvriers, 20 chevaux et dépense 500 francs par jour !

Une foule de variétés et de sous-variétés potagères ont été étudiées par des maraîchers de profession, par des amateurs et des jardiniers à gages. Les chefs des maisons de commerce en renom, Vilmorin, Jacquin, Bossin, Courtois-Gérard, Tollard, Guénot, Simon, etc., en ont fait la description dans les journaux horticoles et les ont propagées ensuite.

En outre, des races ont été créées par la sélection répétée

Carrière à Champignons, en exploitation.

à chaque descendance, de manière que l'hérédité des caractères en fût bien fixée. La maison Vilmorin-Andrieux, dont les chefs sont universellement connus par leurs services rendus, son fondateur Philippe-Victoire Lévêque de Vilmorin (1746-1804), si dévoué pendant les troubles de la Révolution, son fils Pierre-Philippe-André (1776-1862), créateur de l'École forestière des Barres, son petit-fils Louis-François (1816-1860), dont les brillants travaux sont présents à la mémoire de tous, sa digne compagne, collaboratrice du *Jardin fruitier du Muséum*, et la quatrième génération représentée par nos collègues Henry et Maurice, a transformé de cette façon, au service de l'homme, des plantes industrielles, alimentaires, économiques ou ornementales.

Si l'on veut connaître l'importance de la production maraîchère, reportons-nous à l'Enquête agricole de 1882. Dans l'introduction de cette œuvre générale, l'honorable M. Eu-

Philippe-Victoire Lévêque de Vilmorin (1746-1804), cultivateur, grainier, importateur de végétaux utiles, membre de la Société centrale et de la Commission d'agriculture, rédacteur du *Bon Jardinier*, de la *Feuille du cultivateur* et des *Annales de l'agriculture française*.

gène Tisserand (1), Conseiller d'État, Directeur de l'agriculture au Ministère, — depuis le 14 février 1879, — établissant les grandes lignes structurales de l'industrie agricole en France, attribue une valeur de 902,000,000 de francs aux produits des jardins maraîchers et potagers. Aujourd'hui, le milliard est atteint ; le nombre des producteurs a doublé et le rendement proportionnel du sol a triplé pendant cette période de cent années.

(1) M. Eugène Tisserand a été le plus brillant élève de l'Institut agronomique de Versailles. Créé par la loi du 3 octobre 1848, ministère Tourret, fermé le 14 septembre 1852, sous le ministère Fialin, l'Institut national agronomique est réorganisé à Paris, le 9 août 1876, par le Ministre Teisserenc de Bort, actuellement Sénateur de la Haute-Vienne.

II. Primeurs, cultures forcées.

Non seulement le jardinier a supprimé la jachère, c'est-à-dire le repos du sol, mais il a su intervertir les saisons et en atténuer les rigueurs, d'abord au moyen d'abris, principalement des abris vitrés, cloches, bâches, châssis, puis sous l'influence d'une chaleur factice provoquée par des couches de fumier ou des appareils de chauffage. L'eau d'arrosage est

Jardin maraîcher moderne. — Cultures en pleine terre ou sous verre.
Système d'arrosage perfectionné.

distribuée plus rapidement avec le concours de procédés mécaniques ou manuels. Singulière coïncidence ! Le système d'arrosage avec réservoir aérien, conduite souterraine et lance projectrice, actionné par le manège à cheval, a été imaginé vers 1860, à la fois par Isidore Ponce, maraîcher à Clichy, et par Louis Boulat, maraîcher à Troyes. A cette date, celui-ci inventait et perfectionnait le châssis à double versant, qui est déjà répandu dans toute la France où la culture sous verre a pu pénétrer et s'imposer.

Au XVIIe siècle, on commence à parler de primeurs, mais seulement chez les « grands ». Déjà Jean de la Quintinye (1626-1688), créateur du Potager de Versailles, ne procurait-il pas au « Roi-Soleil », qui l'avait anobli, des légumes venus hors saison, par ses soins, alors que Louis XIII avait dû se contenter du Melon de couche, cultivé par son jardinier Claude Mollet ?

En 1735, le 24 décembre, Lenormand, successeur de la Quintinye, offrait à Louis XV, gourmand de Fraises, les premiers fruits d'Ananas récoltés en France ; aussitôt Gondoin, jardinier au château royal de Choisy, obtient, avec la bâche à fourneau, l'Ananas, la Patate et le Melon. En 1764, Tassère, jardinier du duc d'Orléans, cultivait les primeurs à Bagnolet, et quelque temps après Noisette père offrait, dans les premiers jours de mai, des Melons mûrs à son seigneur et maître, le comte de Provence, résidant au château de Brunoy.

Les maraîchers de profession entrent alors en lice. En 1776, Legrand, qui chauffait ses Rosiers sur place, avec du vitrage et des couches de gadoue, produit des Fraises en hiver et vend la première douzaine 24 livres à un officier de bouche du roi. Quelques années plus tard, Fournier adopte les panneaux vitrés dans son marais en même temps que Debille, Ebrard et Vallette obtiennent des Concombres sous châssis. A son tour, dès 1788, Decouflé force Pois, Haricots et Carottes ; en 1791, Stainville entreprend la Chicorée frisée, et Quentin, l'Asperge blanche, en 1792 ; huit ans après, Marie y ajoute l'Asperge verte ; vers 1811, Besnard choisit le Chou-fleur, avant que Lenormand n'ait créé la race à pied court ; la Romaine vient ensuite avec Marcès, Dulac et Chemin ; le Haricot flageolet commence avec les fils de Quentin, en 1814, et la Carotte courte avec Gros, en 1826 ; etc.

A partir de 1830, les surfaces vitrées s'étendent et gagnent la banlieue — même la province — à mesure que les embellissements de la capitale exproprient les jardiniers de son enceinte. Les anciennes familles de la maraîcherie parisienne prononcent avec respect les noms de Autin, François, Jaulin, Piver, Robert, Boudier, Roussel, Josseaume, Flantin, Daverne, Moreau, Noblet, Banier, Baudry, Brout, Godard, Natalis, Fondrain, Masson, Sautier, Sanguin, Cauconnier,

Poisson, Dagorno, Debergue (1), et les noms précédemment cités; la culture forcée leur doit de notables améliorations.

L'art du primeuriste, lent à se développer, retardé par la tourmente révolutionnaire et les guerres européennes, avait donc repris son essor. Un puissant auxiliaire arrivait à

Antoine Poiteau (1766-1854), jardinier botaniste, rédacteur du *Bon Jardinier*, de la *Revue horticole*, du *Traité des arbres fruitiers*, de l'*Histoire naturelle des Orangers* et des *Annales* de la Société d'horticulture de la Seine.

point, le chauffage à l'eau, découverte éminemment française, suivant le mot de François Arago. Inventé par Bonnemain qui l'utilisait, en 1777, à l'incubation artificielle, essayé en 1816, au Muséum, installé au Potager de Versailles, en 1828, par Massey, inspecteur des jardins de la Couronne, décrit par Poiteau, le thermosiphon ne tarde pas à se per-

(1) Était-ce un ancêtre du jardinier patriote François Debergue, fusillé par l'ennemi, le 26 septembre 1870, à Bougival, accusé d'avoir coupé avec son sécateur le fil télégraphique qui reliait l'armée de siège au quartier général à Versailles ?

fectionner sous la conduite de primeuristes tels que les frères Grison, Gontier, Pelvilain, Crémont, Bergman. La province a suivi le mouvement, et le jardinier, tout en augmentant sa fortune, a grandi en considération.

Moreau et Daverne (1) le constatent dans leur *Manuel pratique de la culture maraîchère à Paris*, ouvrage qui obtint, en 1843, la grande médaille d'or de 1,000 francs de la Société royale et centrale d'agriculture. Ces praticiens laborieux évaluaient la dépense en fumier d'un hectare de culture maraîchère ordinaire à 200 francs, tandis que la même surface consacrée aux primeurs exigerait un matériel de 400 panneaux de châssis et 3,000 cloches avec une dépense de 3,000 francs de fumier par an. Le thermosiphon a dû modifier encore ces chiffres.

Du potager, la bâche chauffée à feu nu ou à l'eau a gagné le jardin fruitier. Les Ananas et les Fraises ont vu s'installer à leurs côtés, dans la forcerie, le Pêcher, la Vigne, le Prunier, le Cerisier, le Figuier, l'Abricotier. Par ses écrits, Édouard Delaire (1810-1857) y a largement contribué. Depuis, le comte Léonce de Lambertye (1810-1877), armé de la bêche et de la plume, s'est fait le champion de la culture forcée des légumes et des fruits.

Le temps n'est pas éloigné où les gazettes glorifiaient le jardinier François-Alexis Jamain (1787-1848) qui avait fourni des raisins mûrs au mois de mai à la table royale, lors du sacre de Charles X. De nos jours, quel est le petit bourgeois qui ne puisse se payer un luxe pareil sans trop fatiguer sa bourse ?

Le nord de la France a commencé l'exploitation commerciale des fruits de primeur. Attendons-nous à voir bientôt, comme en Belgique et en Angleterre, — les lois protectrices aidant — des palais vitrés ou de modestes « vineries » construites économiquement rapporter en toute saison des chargements de raisins. Ce ne sera pas un hors-d'œuvre d'ajouter

(1) « …Jamais on n'avait vu un convoi de simple jardinier aussi pompeux, suivi de tant de confrères et d'amis… », disait Poiteau à la Société d'horticulture de Paris, le 17 décembre 1845, en rendant compte des funérailles de Daverne, décédé l'avant-veille, à l'âge de quarante-sept ans. Il faut d'ailleurs reconnaître, comme Courtois-Gérard, dans sa *Statistique maraîchère à Paris*, que « le mariage d'un parent, le convoi d'un ami et la Saint-Fiacre sont les seules circonstances qui puissent déterminer les maraîchers à quitter leurs travaux ».

que, jusqu'alors, le cépage qui a produit les plus sérieux résultats, récolte et revenu, est le *Black Hamburg* ou *Frankenthal,* bien qu'il prête le flanc aux ravages de l'Oïdium.

Vue générale des serres et bâches destinées aux cultures des primeurs, fruits et légumes.

École nationale d'horticulture de Versailles.

Signalé, en effet, dès 1846 dans les « grapperies » anglaises,
le cryptogame fit son apparition en France deux années
après, sur le *Frankenthal* des serres du château de Suresnes. Ajoutons que, répondant à l'invitation du Ministre

Dumas, M. Duchartre étudie alors le mal et conclut au traitement par le soufre, recommandé par Kyle, jardinier anglais. M. Hardy en fait aussitôt l'expérience au Potager de Versailles directement sur le cep; Bergman, à Ferrières,

Intérieur de la serre à forcer la Vigne. (École nationale d'horticulture de Versailles.)

répand la fleur de soufre sur les tuyaux du thermosiphon; Gontier invente le soufflet projecteur; Rose Charmeux pratique le soufrage à sec sur les treilles de Thomery, en même temps que le fleuriste Marest, de Montrouge, l'applique au vignoble de grande culture. Ajoutons encore que depuis, en 1840, Eusèbe Gris (1799-1849) combat la chlorose des végétaux avec le sulfate de fer. Viennent ensuite, Jules Ricaud, en Bourgogne (1884), et Millardet, dans le Médoc (1885), luttant contre le mildew et contre d'autres affections cryptogamiques des arbres fruitiers et des fruits, avec une combinaison de sels de cuivre.

Il faut reconnaître que le jardinier, qui a souvent offert une planche de salut au vigneron, avait su se défendre lui-même contre ses plus terribles ennemis, les intempéries, les végétaux inférieurs et les infiniment petits.

Aujourd'hui la culture des primeurs, vignes, arbres fruitiers, plantes potagères, est en pleine voie de prospérité, et la chaleur concentrée des bâches, rivale du soleil de la Provence et de l'Algérie, permet de supporter la concurrence des courants chauds sous-marins qui attiédissent l'atmosphère des côtes de Bretagne et de Normandie. Le consommateur en profite. Les Halles reçoivent tout l'hiver des voitures ou des wagons de légumes et de fruits en vrac, en caissettes ou en paniers vendus en gros ou en détail.

Le privilège des primeurs, fruits ou légumes, réservé jadis aux tables somptueuses, s'est démocratisé ; il est de son temps.

Patate rose de Malaga.

III. Arboriculture et Pomologie.

Le verger a été l'objet d'améliorations sérieuses, mais lentes et paisibles.

Les auteurs qui ont traité cette branche importante de l'horticulture nous ont laissé de sages traditions, de judicieux conseils sur le gouvernement des arbres et sur le choix des fruits à cultiver.

Les genres d'arbres fruitiers sont restés les mêmes. Notre région sud a toutefois gagné de l'Extrême-Orient :

Le Bibacier toujours vert, avec ses grappes de fruits ver-

Fruit du Bibacier de la Chine.   Fruit du Plaqueminier du Japon.

naux, rappelant la forme et la couleur de la Mirabelle ; importé en 1784, fructifiant à La Malmaison, il est entré au verger provençal depuis 1828 ;

Le Mandarinier (1840) du genre Citrus, à feuilles persistantes, espèce à fruit doux, mûrissant plus rapidement que l'orange et d'un rapport avantageux ;

Le Plaqueminier du Japon (1870), se couvrant de *Kakis*, jolis drupes, ayant l'aspect de Tomates, vermillonnés, oviformes ou sphéroïdaux.

Le Bananier cultivé en Algérie et aux colonies pour l'exploitation de son fruit.

Ces fruits prisés là-bas par la race jaune font cependant prime au Palais-Royal, à Covent-Garden, à la Sennaya de Pétersbourg.

Le Jacquier ou arbre à pain (*Artocarpus*) de nos colonies, le « Cay mit » en Cochinchine.

N'y aurait-il pas une ressource pour nos colons d'Algérie ? Le même espoir ne pourrait-il être fondé avec le Bananier des Indes ou de la Chine, avec le Goyavier, le Jambosa, l'Eugenia de l'Inde, de Malacca ou du Chili ?

De son côté, la métropole étudie l'emploi de quelques fruits accessoires. Servirons-nous bientôt sur nos tables la baie violet bleuâtre des Berberis magellaniques? Offrirons-nous des confitures à base de Chalef, le *Goumi* des Japonais, ou de la Canneberge, le *Cranberry* des Canadiens? Exploiterons-nous pour les liqueurs, à la façon du yankee, le *Blackberry* cueilli sur la Ronce d'Occident, alors que Simon, de Metz, nous donne le Framboisier remontant?

Jean-Laurent Jamin (1793-1876), pépiniériste et pomologue
à Bourg-la-Reine (Seine), premier lauréat de la Société pomologique de France.

Une excursion vers les colonies nous procurerait des fruits précieux à propager : l'Avocat, la Mangue, le Mangoustan, le Litchi, l'Abricot des Antilles, l'Anone, la Sapotille, la Vanille, etc., non pas à la façon des enthousiastes Boursault, de Parseval, Lafon, qui, dans leur serre chaude, ont voulu captiver ces étrangères, mais comme, au siècle dernier, alors que le lieutenant Desclieux transportait du Muséum à la Martinique le Caféier envoyé à Paris en 1714, par Panévas,

bourgmestre d'Amsterdam ; alors que le capitaine Char-
pentier de Cossigny (1730-1809) emportait de Batavia la
Canne à sucre à l'Ile de France, et La Billardière (1755-1834)
implantait à La Réunion l'Arbre à pain, grand arbre également répandu à l'ile Bourbon et à Madagascar, avec le
Cacaoyer, et le Caféier, et le Muscadier, et la Canne à sucre,
par Jean-Nicolas Bréon (1785-1864). Ces végétaux, multipliés sous la direction de Poivre (1719-1786), aux colonies,
d'André Thouin, au Jardin des Plantes, de quelques autres
encore, ont été transplantés à Taïti et à la Nouvelle-Calé-
donie par Pancher (1814-1877), botaniste du Muséum.

Si nos espèces nouvelles sont rares, en revanche combien
de variétés sont produites par le hasard ou l'étude avec les
genres indigènes, Poirier, Pommier, ou chez les genres exotiques, Abricotier, Cerisier, Pêcher, Prunier ? Le nombre est
tel que les amis de la pomologie ont dû se réunir en Congrès
annuels pour discuter la valeur des nouvelles arrivées et
admettre les plus méritantes au verger de grande culture et
au jardin de l'amateur. Le premier Congrès pomologique
s'est tenu à Lyon le 20 septembre 1856, sous les auspices de
la Société d'horticulture pratique du Rhône. Nous avons eu
l'honneur de le présider. La Société pomologique de France,
créée ensuite, continue l'œuvre par ses sessions nomades et
ses publications périodiques. Sa première médaille d'honneur
a été décernée, en 1867, à Jean-Laurent Jamin.

Les fruits dits « industriels » livrés au pressoir, à l'alambic,
à la confiserie, au séchage, ont été l'objet des mêmes études.
Le fruit à cidre est désormais analysé, réglé, combiné à
volonté ; il a ses historiens, ses congrès, ses expositions
publiques. L'étude des fruits de pressoir, commencée au Congrès d'Angers le 12 octobre 1842, se continue avec l'Association pomologique de l'Ouest, depuis 1883. Après les ouvrages
de Renault (1819), de Odolant-Desnos (1821), le livre si bien
étudié, *Le Cidre* (1875), par L. de Boutteville et A. Hau-
checorne expose la véritable formule du cidre et du poiré.

La question de rusticité de l'arbre aux rigueurs de l'hiver
a reçu solution par la terrible épreuve de 1879-1880, réédi-
tion des catastrophes de 1709 et de 1789. Nous avons enre-
gistré le nom des victimes et le nom des « réchappés ». La
leçon ne sera pas perdue. Faut-il rappeler la rusticité des
Poiriers *Ballet père* et *Urbaniste*, et celle presque égale des

Beurré Hardy, Doyenné d'hiver, Joséphine de Malines, la résistance à peu près complète des Pommiers de race septentrionale et de *Transparente de Croncels*, des Cerisiers Franc et Griottier, du Prunier Reine-Claude, etc. ?

Une statistique intéressante à faire serait l'indication des stations fruitières et de leur rendement, et l'étude des fruits

Verger combiné d'arbres fruitiers de formes différentes.

locaux ou des fruits localisés. Le tableau serait complété par les arrivages au marché et aux gares d'expéditions.

Nos départements d'outre-mer ont été surpris par cette révolution culturale et commerciale. A peine l'Algérie pouvait-elle supposer que des orangeraies surgiraient de la campagne de Blidah et qu'il s'élèverait des oasis de Dattiers dans le Sahara irrigué ! A peine la Corse songeait-elle à susciter une concurrence aux Cédratiers de l'Italie !

Déjà, avant la Révolution, les Pommiers à cidre de la Normandie, de la Bretagne, de la Picardie constituaient une ressource pour la famille rurale ; mais les vergers protégés par les Cévennes, par les Alpes ou les Pyrénées n'approvisionnaient pas encore l'industrie plus moderne et florissante de la confiserie des fruits.

Déjà, en 1789, la réputation de Montreuil était faite ; mais on ignorait la valeur des collines sablonneuses de Triel et de ses environs pour l'abricot et les primeurs ; la Lorraine

Vente et emballage des abricots, au moment de leur récolte,
à Bennecourt (Seine-et-Oise).

soupçonnait à peine l'avenir de la *Mirabelle* et le sous-sol riche en sève de la région de Thomery attendait l'initiative d'hommes intelligents pour en faire éclore cette mine féconde de *Chasselas !* La conservation du raisin frais, le sarment dans l'eau, indiquée, dès 1846, par l'amateur Bouvery et par le praticien Louis Verrier (1812–1867), un maître de l'art, ancien jardinier chef de maison bourgeoise et de l'École régionale d'agriculture de La Saulsaie, a été commencée à Thomery, par Valleaux, cultivateur. Les modifications apportées au procédé et à son matériel accessoire sont particulièrement dues à Étienne Salomon qui s'est fait un nom dans la production normale ou forcée des raisins de dessert.

On peut dire que notre époque a vu naître ou grandir les figueries d'Argenteuil, les champs de cassis et de framboises de la Bourgogne, les fraiseraies des vallées de la Bièvre et de l'Yvette, les cerisaies de l'Auxerrois et de l'Ardenne pour la consommation directe, celles de la Franche-Comté et des Vosges pour la fabrication du kirsch, les plantations si lucratives de Poiriers des bords de la Loire, les pruneraies à pruneaux de la Touraine, de l'Alsace, de l'Agenais, véritable capital à gros intérêts. Ces dernières, commencées à Clairac en 1735, augmentent actuellement de vingt millions de francs l'encaisse de la Banque de France, à Agen.

Poirier dressé en palmette, destiné à l'espalier ou à l'air libre.

Quant aux noix du Dauphiné, aux noisettes du Roussillon, quant aux amandes de la Provence et aux châtaignes de notre centre montagneux, les moyens de transport étaient trop restreints et les échanges internationaux trop limités pour que ces denrées si robustes aux voyages aient agrandi leur aire territoriale.

La rapidité des déplacements a développé puissamment la vogue qui s'attache au Poirier. Son fruit a des représentants chaque mois de l'année, et la France est pour ainsi dire son habitat de prédilection. Après les murailles des couvents et des manoirs qui abritaient les *Beurré*, les *Doyenné*, les *Crassane*, les *Saint-Germain*, les *Bon-Chrétien*, réservés à la table de leurs propriétaires, se sont dressés les espaliers de la Normandie ou du rayon de Paris destinés à ces mêmes poires délicates en plein vent, mais alors toutes vermeilles et destinées aux grandes villes de l'Europe.

Nous ne voulions pas de détails, mais pouvons-nous passer sous silence des fruits locaux comme *Monsallard*, du sud-

Préparation, brossage et emballage des pêches à Montreuil-sous-Bois (Seine), pour la vente aux Halles de Paris.

ouest, *Beurré d'Apremont*, de l'est, *Doyenné d'Alençon*, du nord; ou les enfants du hasard, *Beurré Giffard* (1825), *Triomphe de Vienne* (1864), *Beurré d'Amanlis* (1770), *Duchesse d'Angoulême* (1809); ou les gains du semeur, *Ma-*

dame Treyve (1858), *Beurré Lebrun* (1862), *Beurré Hardy* (1830), *Beurré superfin* (1844), *Doyenné du Comice* (1849), *La France* (1864), *Charles - Ernest* (1874), *Beurré Diel* (1800), *Royale Vendée* (1860), *Olivier de Serres* (1861), *Passe-*

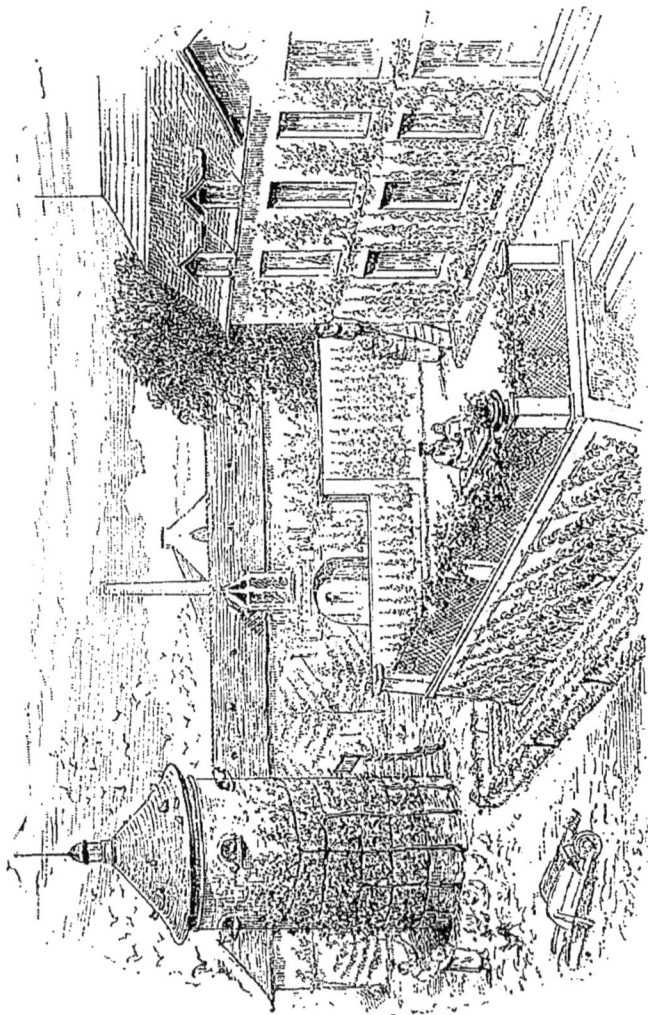

Utilisation des bâtiments d'habitation ou d'exploitation pour l'arboriculture fruitière.

Crassane (1855), *Bergamote Esperen* (1830), *Charles Cognée* (1876) ? Quelle belle suite à nos exquises *Louise - bonne d'Avranches* (1780), *Passe-Colmar* (1752), *Beurré d'Hardenpont* (1759), *Doyenné d'hiver*, jusqu'à la poire *Curé*,

Jardin-École de la Société d'horticulture de Reims.
Greffage du Poirier sur tige intermédiaire de l'Aubépine *Petit-Corail*,
déjà greffée sur Épine blanche.

connue depuis 1760 , une envahisseuse de nos marchés !

La Poire parfumée, *Williams*, d'origine anglaise (1770), a été propagée en France, dès le commencement du siècle ; désormais elle occupe le premier rang des fruits de commerce. Son arbre est un de ceux qui sympathisent au greffage sur Aubépine. Le professeur Eugène Dubarle, de la Société de viticulture, d'horticulture et sylviculture de l'ar-

Gabriel Luizet (1794-1872), arboriculteur et pomologue à Écully (Rhône), membre fondateur du Congrès pomologique de Lyon.

rondissement de Reims, l'a réussi admirablement par la greffe sur l'Epine américaine *Petit-Corail,* dans le Jardin-école de la Société. Nous avons obtenu le même résultat avec le greffage du Poirier sur l'*Aubépine* à gros fruit, dite *Azerolier de Carrière,* et sur d'autres variétés de race américaine déjà entées sur notre Epine ordinaire. Espérons que ce surgreffage deviendra le point de départ d'une transformation de la Champagne et des sols arides, jusqu'ici réfractaires à la végétation du Poirier, mais favorables à l'Aubépine.

Salut aux semeurs patients et persévérants d'arbres à fruits, aux chercheurs de nouveautés! Combien de sacrifices et combien de déboires avant de toucher au but!

Le contingent belge suffirait à la gloire du pays. Salut au chanoine d'Hardenpont, au pharmacien van Mons, au major Esperen, au tanneur Grégoire! Hommage à nos compatriotes, Prévost, Léon Leclerc, Bonnet, à Millet et Goubault, du

Alphonse Mas (1817-1875), auteur du *Verger* et du *Vignoble*, président de la Société pomologique de France et de la Société d'horticulture pratique de l'Ain.

Comice d'Angers, à Jean-Laurent Jamin, Gabriel Luizet, vulgarisateur de la greffe de boutons à fruits, André Leroy, Lyé-Savinien Baltet, Pierre Tourasse, Claude Blanchet..., à tous les semeurs qui existent encore. Un respectueux souvenir à l'éminent Alphonse Mas, le premier pomologue de notre temps, l'érudit auteur du *Verger*, et à l'artiste si compétent en carpologie Théodore Buchetet (1824-1883), l'inimitable auteur de collections plastiques destinées à l'enseignement.

Et les Pommes ? Bien qu'ici ce fruit populaire ait été sobre dans ses conquêtes, n'avons-nous pas la liberté d'échanges avec la Belgique, la Hollande, l'Angleterre, l'Allemagne, la Russie, les États-Unis ? Nous sommes riches en fruits de table ou de cuisine, de séchage ou de pressoir ; mais nos pommes si fines de Calville, nos Reinettes excellentes, jusqu'à notre sémillante Pomme d'Api, sont toujours dignes du rang supérieur que leur attribuaient de sagaces auteurs, Claude Mollet en 1652, La Quintinye en 1690, François, frère

Comment, autrefois, on transportait les pêches de Montreuil à Paris.

chartreux, en 1705, Roger Schabol en 1767, Duhamel du Monceau en 1768, Le Berriays en 1775, de la Bretonnerie en 1784, abbé Rozier en 1786, Dupetit-Thouars en 1787.

A leurs œuvres remarquables, nous pourrons joindre celles de Butret (1793), de Calvel (1803), de Poiteau et Turpin (1807), de Noisette (1813), de Lelieur (1817), de Prévost (1827), de Dalbret (1829), de Sageret (1830), de Hardy (1853), de Decaisne (1857), de Mas (1865), de Leroy (1867), et des auteurs vivants : Alphonse Dubreuil (1), Paul de Mortillet, Eugène Forney, Ferdinand Jamin, Octave Thomas, Alexan-

(1) Alphonse Dubreuil, auteur et professeur d'arboriculture, né à Rouen le 21 octobre 1811, est décédé à Avranches le 19 avril 1890.

dre Delaville aîné, la Société pomologique de France...

Le Pêcher a ses oracles. Après l'auteur De Combles (1745), viennent : en 1806, Sieulle ; en 1814, Mozard, élève de Pépin (1722 - 1802), qui récoltait à Montreuil jusqu'à cent mille Pêches ; en 1831, Bengy-Puyvallée ; enfin en 1841, Alexis Lepère et son compatriote Félix Malot (1796-1873).

La Pêche a vu s'étendre la période de sa maturation par l'arrivée, en 1876, des précoces *Amsden, Rouge de mai de Brigg, Précoce de Hale*, etc., d'origine américaine, et continue sa classification méthodique. Aux caractères pré-

Alexis Lepère (1799-1882), cultivateur de Pêchers à Montreuil (Seine), auteur de la *Pratique raisonnée de la taille du Pêcher en espalier carré.*

sentés par la fleur de l'arbre, la chair et le noyau du fruit, sont venus s'ajouter, en 1810, les glandes de la feuille, d'après les indications de Desprez, magistrat et député d'Alençon.

L'arboriculture fruitière, directement liée à la pomologie, n'est pas restée stationnaire. Les bons livres traitant de l'éducation et de l'entretien des arbres fruitiers se sont répandus un peu partout. En même temps, des cours d'arboriculture organisés par les professeurs eux-mêmes, par des Sociétés, des administrations locales et par le ministère de l'Agriculture ou de l'Instruction publique, faisaient pénétrer dans les masses populaires le goût de l'horticulture, tout en instruisant l'amateur sur la direction du jardin fruitier.

Le cours de taille des arbres fruitiers au Luxembourg, créé

sous le Directoire, fut confié à Michel-Christophe Hervy
fils (1776-1829), qui avait puisé d'excellents conseils pratiques auprès de son père, jardinier à la pépinière des Chartreux. Les conférences publiques, suspendues en 1814 sous
le coup de l'invasion, furent rétablies par ordonnance royale
du 22 septembre 1819 ; une circulaire du ministère Decazes
engageait les préfets à signaler cette décision à leurs admi-

Louis Verrier (1812-1867), membre fondateur du Congrès pomologique de
Lyon, jardinier du peintre de fleurs Redouté, jardinier-chef à l'École régionale agricole de la Saulsaie (Ain), professeur de culture fruitière et potagère.

nistrés. Le décès du professeur laisse une nouvelle lacune
qui sera comblée en 1836, par les soins du duc Decazes,
grand-référendaire à la Chambre des pairs. Déjà succédant
à son oncle Hervy dans les fonctions de jardinier en chef
du Luxembourg, Alexandre Hardy lui succédera désormais
au cours de taille jusqu'en 1859. Son grand âge l'oblige à la
retraite, il est alors remplacé par Auguste Rivière (1821-
1877) et aujourd'hui par notre ami Roch Jolibois.

Sur l'emplacement même des jardins du Sénat, la pépinière des Chartreux, fondée en 1650 et successivement dirigée par le frère Alexis, le frère François, auteur du *Jardinier solitaire,* le frère Philippe et Christophe Hervy père, jouissait d'une haute réputation. Dispersée par la Révolution, reconstituée, en 1809, par Christophe Hervy fils, sur les indications du ministre Chaptal, elle avait cependant fourni en 1792, à André Thouin, sous le ministère Roland, les éléments de l'École fruitière au jardin du Roi. L'année suivante, le 25 juin 1793, le Jardin du Roi devenait Muséum d'histoire naturelle sur le rapport de Lakanal (1762-1845), président de la Commission d'Instruction publique à la Convention, d'accord avec Thouin, Desfontaines et Daubenton. Notre premier établissement scientifique put alors répandre de bonnes espèces fruitières dans le public. Un moment abandonné, ce mode de propagande a été repris par le professeur Maxime Cornu, en faveur des jardins d'études et d'expériences.

L'art du pépiniériste a joué aussi son rôle historique et s'est mis au pas de cette marche entraînante. Sous le Directoire, le 22 fructidor an V, un agronome d'élite, François de Neuchâteau (1750-1828) était ministre de l'Intérieur; en même temps qu'il convie l'agriculture aux premières expositions nationales, dans le Champ de Mars, il prend un arrêté offrant des récompenses pécuniaires aux créateurs de pépinières, de routes fruitières et de vergers. Des pépinières départementales s'organisent avec le concours de l'État, et les pépinières libres déjà en réputation d'Orléans (1), de Vitry, de Lieusaint, de Bollwiller, de Metz, ne tardent pas à voir apparaître des rivales à Tarascon, à Annonay, à Angers, à Tours, à Nancy, à Dijon, à Troyes, à Suisnes, à Meaux, à Rouen, à Lille, et dans la banlieue de Paris.

Entr'autres améliorations de la pépinière, notre époque peut revendiquer la préparation d'arbres fruitiers formés par Frédéric Savart, Jamin, puis Croux, Dupuy-Jamain, Cochet, et notre père vénéré...., l'extension donnée au bouturage par œil, au greffage herbacé (Tschudy, 1811) ou sur racine, le labour à la charrue proposé à Simon Louis, en 1830, par un élève de Mathieu de Dombasle (1777-1843), le sulfatage des tuteurs d'après le procédé Boucherie, 1840, etc.

(1) Les pépinières d'Orléans détruites par les grandes inondations, en octobre 1846, en juin 1856, en septembre 1866, se sont brillamment relevées.

Plus près de nous, l'arboriculture de cette fin de siècle aura droit à la reconnaissance publique par son concours prêté à la viticulture menacée dans son existence. Est-ce que le vignoble ne doit pas à la pépinière la greffe des cépages vinifères sur plant résistant à l'ennemi souterrain?

Lyé-Savinien Baltet (1800-1879), pépiniériste et pomologue à Troyes, membre fondateur de la Société d'horticulture de l'Aube et du Congrès pomologique de Lyon, membre honoraire de la Société nationale d'horticulture de France.

Et pourquoi ne le dirions-nous pas? Le 8 août 1869, dans une lettre à M. Gaston Bazille, président de la Société d'agriculture de l'Hérault, qui nous consultait sur ce point, nous recommandâmes le greffage de la Vigne sur plant robuste, par exemple le *Vitis riparia* des États-Unis, réfractaire à nos gelées d'hiver. Trois mois après, au Congrès viticole de Beaune, M. Laliman, du Bordelais, signalait les cépages américains, leur résistance au phylloxéra et leur rôle probable de porte-greffe. Depuis cette époque, le greffage a, dans chaque région, ses Écoles, ses professeurs et ses innombra-

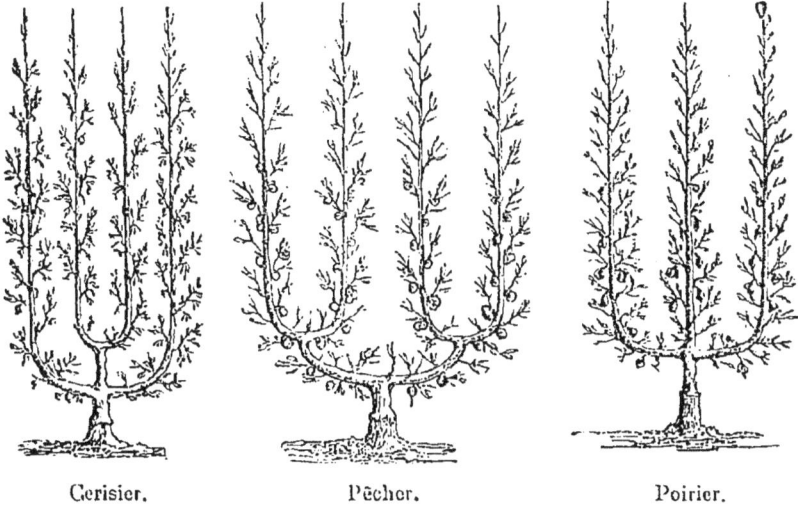

Cerisier.　　　　Pêcher.　　　　Poirier.

Arbres fruitiers formés en palmette ou candélabre.

bles partisans. Le champ de Vigne a reverdi et le cellier a repris sa bonne mine rubiconde et vermeille.

Arboriculture, pépinière, pomologie se sont constamment maintenues au premier rang dans le monde horticole.

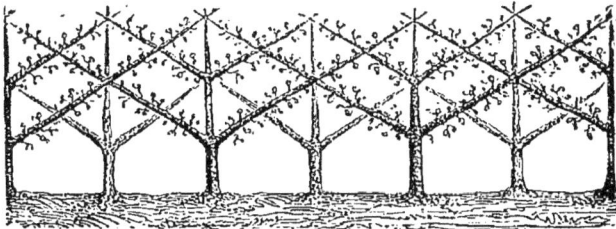

IV. Dendrologie.

La dendrologie marquera dans cette étape séculaire par
l'extension donnée à nos collections arborescentes destinées
au peuplement des forêts, au décor des parcs et des jardins.

Les importations fréquentes et les semis combinés de ces
dernières années ont élargi le cadre de nos espèces nationales en leur apportant des espèces congénères jusqu'alors
inconnues.

La science botanique, à laquelle appartiennent les De
Candolle, les Lamarck, les Desfontaines, les De Jussieu, les
Dumont de Courset, les Brongniart, les Decaisne, les Naudin,
les Duchartre, science précieuse dans les études horticoles, a
pu enregistrer des genres inédits qui, maintenant, font partie du domaine de la sylviculture ou agrandissent les ressources de l'horticulture ornementale.

Tandis que nos plantes modifiaient, çà et là, la disposition
de leur branchage, la coloration de leurs feuilles ou les
nuances de leurs fleurs, nos parcs recevaient des pays étrangers une collection de Chênes magnifiques, de Hêtres à
grande feuille, d'Érables élégants, de Frênes et d'Ormes à
bois dur, de Bouleaux à beau port, de Gainiers robustes,
d'Épines à gros fruit, de Tilleuls élancés ou à beau feuillage,
de Peupliers (1) qui se sont installés dans nos prairies avec
toute leur énergie vitale, ou sur la lisière des chemins, et qui
font la fortune de leurs exploitants.

Ces nouvelles figures ont fait souche de variétés, pures de
race ou croisées avec nos types indigènes. Leur vie de famille est allée jusqu'à s'abriter mutuellement, jusqu'à se
féconder ou se greffer réciproquement les unes avec les
autres.

Depuis les plantations renommées dans le Gâtinais par
Duhamel du Monceau (1700-1782) et de Lamoignon de Males-
herbes (1721-1794), les arboretums du Muséum, de Trianon,

---

(1) Le Peuplier pyramidal ou d'Italie trouvé dans la Russie d'Asie est arrivé à Moret, par la voie italienne, vers 1749.

Le Peuplier « suisse régénéré », forme vigoureuse du Peuplier de Virginie,
fut trouvé en 1814 dans une pépinière d'Arcueil.

Le Peuplier blanc pyramidal a été apporté du Turkestan, il y a trente ans.

des Barres, de Baleine, d'Harcourt, de Cour-Cheverny, de
Pouilly, de Segrez ont groupé ces différentes espèces dans
un but d'études. Y verrons-nous jamais le Fagus betuloïdes,
arbre toujours vert, rapporté par Paul Hariot, botaniste de
la Mission scientifique française de 1882-1883 au Cap Horn ?

En jetant un coup d'œil sur les « introductions », il nous
sera permis de remonter un instant avant la première Répu-

Arboretum de Cour-Cheverny (Loir-et-Cher), créé par le marquis de Vibraye.
Groupe de Sapins de Douglas, de la Californie.

blique et de signaler le caractère des beaux arbres qui sont
venus réjouir nos pères et commencer la transformation
végétale de l'ancien continent :

Le port majestueux du roi des arbres en fleur, le Marronnier d'Inde, né en Grèce, transporté de Constantinople à Paris
dans le jardin du duc de Soubise, en 1615, par Bachelier ;

La ramure imposante du Platane oriental (1754) et de son
sosie, le Platane occidental, plus récent ;

Les inflorescences mellifères du Sophora japonais, envoyé vers 1747 par le P. d'Incarville; l'arbre fleurit trente ans après, dans le parc renommé du docteur Louis Lemonnier, (1717-1799), botaniste à Versailles. Le hasard a produit en 1813, à la fois chez Jolly à Paris et chez Jouet à Vitry,

Le Sophora pleureur type, à Vitry-sur-Seine.

cette curieuse variété à rameaux retombants, épanouissant ses panicules cinquante années plus tard, et rarement depuis;

L'attitude superbe du Tulipier de la Virginie. Les premières graines de cette belle Magnoliacée, recueillies par La Galissonnière, furent semées à Trianon, en 1732;

4

La série des Magnolias des Deux-Mondes, admirable dans
son feuillage ample accompagnant une floraison à grand effet
(c'est le « Laurier-tulipier » de nos aïeux, fleurissant en août
1781, chez l'abbé Nolin, à Versailles) ;

L'aspect floral toujours magnifique et le large feuillage du
Catalpa de la Caroline ;

La vigoureuse stature du Noyer noir, essence industrielle
des mêmes parages septentrionaux ;

Magnolia à grande fleur, de la Caroline.

La floraison élégante du Robinier. Le premier plant, reçu
à l'état de semence des sols fertiles de l'Union en 1601, par
Jean Robin, vit encore au Muséum de Paris. D'intéressantes
variétés, Robinier monophylle (Deniaux, 1855), Robinier Decaisne (Villevielle, 1862), Robinier remontant (Durousset,
1872), se plaisent en groupes ou en lignes homogènes ;

Le Févier, original dans ses allures, hérissé de défenses
terribles, compatriote du Robinier ;

Le « monte au ciel » des Chinois, l'Ailante de nos boulevards, arrivant au Muséum en 1751 ;

Le robuste Bonduc canadien (1748), nos plus grands exemplaires ont été détruits par l'ennemi au siège de Metz...;

Le beau laisser aller du Virgilier d'Amérique ;

La Liquidambar résineux, ou Copalme remarquable par son écorce subéreuse et son feuillage sanguin vers la fin de l'été ;

Le Sassafras, qui se ressème dans les Landes ;

Le Ptéléa, arbrisseau de la Virginie, capable de lutter avec le Houblon, dans nos brasseries ;

Quelques Pavias aux épis colorés crème ou groseille ;

Le Ginkgo, venu de l'Extrême-Orient en Angleterre, 1754, introduit en France, 1788, par Broussonnet, qui apporta un sujet au Jardin botanique de Montpellier, de la part du chevalier Banks. Ce plant mâle fleurit en 1812, mais l'arbre fructifia en 1843, après l'inoculation de rameaux à fleur pistillée, greffés par Delile, six ans auparavant. A l'aspect de son feuillage non persistant, élargi en éventail, croirait on que le Ginkgo appartient à la famille des Sapins, des Ifs et des Cyprès ?

Cette Famille sera traitée plus loin ; toutefois nous pouvons dire que, vers 1789, nos collections avaient déjà acquis le Biota de l'Asie et le Thuia du Canada, l'un et l'autre précieux en rideaux de verdure, en abris naturels de pépinières et de jardins ; enfin le géant syrien, le Cèdre du Liban, devenu légendaire par la plantation, en 1735, du spécimen bien connu au Jardin des Plantes de Paris. Cent ans plus tôt, nous recevions de l'Amérique boréale un Genévrier robuste, qui porta assez longtemps le nom de « Cèdre de Virginie », le Cèdre des fabriques de crayons.

Pendant la Révolution et depuis, l'importation continue à augmenter le nombre de nos genres et de nos espèces d'arbres et d'arbustes d'utilité ou d'ornement. En voici quelques exemples :

1° De l'Amérique du Nord :

Le Carya, petite noix comestible, bois de carrosserie, le « Hickoria » de 1808, son nom primitif ;

Le Maclure, dit « Oranger des Osages », 1823, qui pourrait seconder le Mûrier dans l'éducation des Vers à soie ;

Le Marronnier rubicond, à fleur rose ou rouge ; arbre décoratif au premier chef, qui serait entré en France en 1812,

au Muséum, d'après Jean-Baptiste Camuzet (1786-1849), chef
des pépinières du Jardin des plantes. C'était alors l'*Æsculus
carnea,* des botanistes américains :

Le Négondo, genre voisin de l'Érable, mieux connu par
sa variété à feuille panachée de blanc, qui fut trouvée en
1846 par Froument, de Toulouse ;

Le Tupelo aquatique, original par son feuillage teinté à
l'arrière-saison et son fruit pruniforme.

2° De l'Extrême-Orient :

Le Broussonnetia au feuillage original, son liber est la
base du papier de Chine avec le Kadsura, l'Edgeworthia, le
Buddleia, le Lespedeza ;

Le Cédrèle, faux acajou, le « chianchin » de la Chine nord,
trouvé par Eugène Simon, en 1861, et par l'abbé Armand
David, en 1862, planté par Carrière, au Muséum, où il a
fleuri en 1875 ;

Le Koelreuteria de Chine (1789), singulier dans ses détails ;

Le Laurier-Camphrier, bel arbre toujours vert, redoutant
les vents de mer ; les veines ondulées et annulaires de ses
tissus ligneux décorent les bibelots de luxe, au Japon ;

Le Paulownia, « Kiri » des Japonais, le seul arbre portant
des fleurs bleu pervenche, au bois léger comme du liège, bon
en placage ; importé en 1834 par le vicomte de Cussy, au
Muséum, où il a épanoui ses premières grappes florales, le
27 avril 1842. Neumann, Pépin, Paillet, Bertin, Baltet-Petit
le multiplièrent aussitôt par le bouturage des racines ;

Les Planéras et les Ptérocaryas, dispersés de la mer Noire
et de la mer Rouge jusqu'à la mer Jaune ;

Le Sterculia de la Chine, arbre superbe par son port et
son feuillage, répandu de Nice à Bordeaux.

À cette zone revient la légion des Bambous, Graminées de
première nécessité chez les peuples de l'Asie orientale, de
l'Afrique australe, de l'Océanie, étudiées au Jardin du Hamma
(1832) à Alger, par Hardy et Rivière, et à la Villa Thuret
(1855) à Antibes, par Thuret et Naudin. Notre expédition au
Tonkin a démontré l'urgence de fixer avec le Bambou les
terrains instables et d'en boiser les glacis et les abords de
nos fortins, quand le climat s'y prête. Nos soldats y trouve -
ront-ils, comme dans l'Indo-Chine, un aliment analogue

Yucca et Bambous dans une Villa des Alpes-Maritimes.

aux jeunes turions blanchis de l'Asperge et du Houblon?
L'exploitation de robustes Arundinarias et Phyllostachys en
est commencée avec profit dans les Pyrénées-Orientales.

3° Des Indes asiatiques :

Quelques arbres curieux à noter par le touriste dans les
jardins de notre région méridionale :

Prosper-Vincent Ramel (1807-1880), propagateur de l'Eucalyptus
dans nos possessions algériennes.

L'Azédarach, « Lilas des Indes », au feuillage élégant, aux
thyrses rose purpurin, reçu antérieurement de la Syrie ;

Le Lagerstrémia, à l'écorce lisse, douce au toucher, aux
grappes de fleurs carminées, élégant arbrisseau souvent accompagné de Neriums ou Lauriers-roses gagnés par Rantonnet, par Martine ou par Claude et Félix Sahut ;

4° Explorées plus récemment, quoique d'une façon incom-
plète, les îles de l'Océanie ont doté nos rivages maritimes

de végétaux étranges dans leur expansion arborescente et florale.

Les vigoureux Eucalyptus qui vont assainir les marécages fiévreux et permettre à l'homme d'habiter les localités insalubres ; Prosper Ramel et Cosson les propagent dès 1856, et aujourd'hui il en existe près de six millions de sujets, région littoralienne de l'Algérie et de Toulon à Gênes. Lors de l'expédition d'Entrecasteaux ordonnée par le gouvernement de la République à la recherche de La Pérouse (1), La Billardière signalait dans la Terre de Van Diémen, le 6 mai 1792, ces géants mesurant 100 mètres de flèche sur une culée de 40 mètres d'assise. Aidé du jardinier botaniste Delahaye, de la Malmaison, il en introduisit l'espèce en France.

Les Mimosas, cette ravissante série d'Acacias à l'aspect féerique par ses frondaisons éblouissantes, au moment de leur épanouissement en pluie ou en gerbes d'or, les délices des villas de la région cannaise.

Quelques jolies exotiques sont venues les rejoindre, entre autres le Faux-Poivrier, *Schinus Molle*, de l'Équateur et du Pérou, arbre gracieux en hiver avec ses panicules de petits fruits rose-groseille, égayant les avenues de Hyères à Saint-Raphaël, jusqu'à Nice et Monte-Carlo.

Et cette collection de végétaux connus sous le nom classique de « plantes de la Nouvelle-Hollande » ? Végétaux de grande taille ou simplement buissonneux, mais plantureux sur les plages bénies de la mer bleue qui prend naissance aux îles d'Or et se meurt en Italie, nos coquettes insulaires succèdent aux Oliviers, aux Caroubiers, aux Pins d'Alep, aux Lentisques, aux Chênes verts, comme les fleurs parfumées succèdent aux broussailles du chemin !

Quel coup de théâtre ces nouveaux venus ont produit dans le décor des villas de plaisance et des stations expérimentales

(1) Le malheureux sort de La Pérouse fut partagé par le jardinier Collignon, du Muséum, chargé de répandre dans les îles de la mer du Sud des semences de végétaux utiles à leurs habitants.

L'expédition du capitaine Baudin (1793), en voyage de découvertes, vit également périr victimes de leur zèle, à l'île de Timor, les botanistes Tautier et Riedlé, du Jardin des Plantes. Plus heureux et secondé par le capitaine Hamelin, Guichenot rapporte, en 1804, l'Eucalyptus et des Protéacées.

En 1819, le Ministère De Cazes envoie Plée, Havet, Godefroid, élèves du Muséum, explorer Madagascar et l'Amérique du Sud ; ils y trouvèrent une mort prématurée !... Morts pour la science et pour la patrie !

Rocher tapissé par un Bougainvillea auprès d'un Cocotier, à Cannes.

Talus garni de Cactées et d'Aloès dans un massif arborescent, en Provence.

ou de naturalisation baignées par la vague bienfaisante?

La famille des Myrtacées n'a pas gagné seulement l'Eucalyptus des contrées australiennes ou néo-zélandaises; mais
le Mélaleuque s'élevant à haute tige, les floribonds Callisté-
mons et Calothamnus aux aigrettes insolites, et le modeste
Génétyllis et le semi-volubile Métrosidéros, compatriotes de
l'Olearia, Composée aux larges ombelles blanchâtres.

Les Proteacées de l'Océanie ont apporté de curieux Hakeas,
d'élégants Grevilleas, de pittoresques Stenocarpus, le Bank-
sia et le Dryandra, arbuscules friands de terre de bruyère.

Le Pimelea de la Nouvelle-Hollande fournit un genre
mignon à la famille des Thymélées; l'Escallonia chilien ou
néo-grenadin en donne un autre aux Saxifragées; et de
nombreux Pittospores de Madère, des Canaries et de la
Chine, viennent augmenter ce groupe cher aux cultivateurs
de plantes d'orangerie, sous le climat de Paris.

La grande famille des Légumineuses figurera longtemps
dans les bosquets de la Provence maritime, soit avec les aus-
traliens Clianthus et Edwardsia, dont les grappes pendantes
contrastent avec les thyrses luxueux et dressés de l'Ery-
thrine, soit avec les tons or ou crème du Cassia mexicain,
du Poinciana, de l'Amérique-Sud, avec le Swainsonia australien et le Daubentonia chilien, aux bouquets lilas ou albâtre,
soit encore avec les petites grappes écarlate du Chorizema,
ou avec les racèmes du Kennedya grimpant, l'un et l'autre,
originaires des parages océaniens.

Les montagnes élevées de l'Amérique centrale nous en-
voient de superbes Solanées arbustives, Datura, Solandra et
Brugmansia, agrémentées de fleurs en entonnoir au long col,
et le Cestrum, et l'Habrothamnus portant ou laissant pendre
des grappes terminales jaune safran ou rose carminé; et des
sous-arbrisseaux chiliens tels que le Fabiana simulant une
Bruyère, le Desfontainea ayant l'aspect du Houx qui sont
venus, à leur tour, prendre place à notre soleil.

A quelques familles moins étendues appartiennent le Casua-
rina, îles de la Sonde, arbre d'une extrême finesse d'allures,
le Phytolacca du Japon, avec ses racines voraces et ses
larges feuilles, le Sparmannia, Tiliacée du Cap, étoffé dans
ses formes, le Mandevillea, liane américaine parfumée comme
l'oriental Rhynchospermum, puis le Cantua, Polémoniacée
colombienne, l'Echium ou Vipérine, Borraginée des contrées

rocailleuses de Madère et des Canaries, à la brillante floraison, et le Polygala du Cap, et le Correa, Rutacée aus-
tralienne, deux fruticules résistant mieux aux brouillards
salins qu'aux grands vents terrestres, et le Coprosma,
Rubiacée au feuillage vernissé, respecté des insectes. Nous
admirons dans tout son éclat le Bougainvillea, Nyctaginée
brésilienne aux bractées rutilantes comme la jeune colle-
rette foliacée du Poinsettia, Euphorbiacée du Mexique ; de la
même patrie est le Philodendron, Apocynée cramponnante
produisant un spadice comestible, une rareté de nos desserts
exotiques.

Des Bignones aux tubes échancrés et des Jasmins parfumés
sont venus de divers points du globe entremêler leurs bras
contournés avec le Buddleia, la Véronique, la Viorne, le Lantana, le Rosier Thé, sans oser aborder les rudes Aloès, Agaves, Euphorbes, Cactées et Cotyles, dont les tiges plus ou
moins succulentes, plus ou moins acérées, sont souvent relâ-
chées sur un tapis glacial et cristallin de Mesembrianthemum,
curieuse Ficoïde du Cap...

Mais nous glissons sur le terrain de la Floriculture, n'an-
ticipons pas davantage. Évitons le far-niente qui nous gagne-
rait sous le charme de ces étrangères séduisantes ne rêvant
que soleil de feu et brises marines...

Ah ! combien un semblable panorama doit contribuer à
attirer là-bas mondaines et demi-mondaines, en quête
d'émotions, de bonheur ou de santé, et les chevaliers du
tapis vert qui vont tenter la fortune sur la belle route de la
Corniche, alors que la neige fleurit les jardins de Paris !

Nous arrivons ainsi aux arbrisseaux de moyenne taille,
aux arbustes suivant l'expression consacrée ; la récolte sera
abondante.

Depuis un certain temps, quelque navigateur, quelque
voyageur libre ou officiel, de nationalité française, anglaise,
hollandaise, belge, espagnole, russe, portugaise ou d'outre-
Rhin, rapportait une plante inconnue. Il en distribuait les
graines ou confiait la plante à un établissement scientifique
ou industriel. Celui-ci l'étudiait, cherchait à la déterminer,
à la multiplier, à la répandre.

Si la nouvelle venue était déjà représentée dans nos
arboretums par des espèces similaires, elle n'était pas moins
bien accueillie et choyée. C'est ainsi que nos jardins et nos

pépinières ont reçu des Érables au feuillage palmé, vert de mer ou sanguin, et parmi les Bourgènes, le *Lo-za* des Chinois (*Rhamnus utilis* et *chlorophorus*) si précieux dans la teinture des étoffes en « vert de Chine ». Quelle variété de Buis, de Chalefs, de Chèvrefeuilles, d'Épines-vinettes, de Fusains, de Groseilliers, de Houx, de Lauriers, de Lilas, de Rosiers, de Spirées, de Sureaux, de Tamarix, de Troènes, de Viornes, à feuilles caduques ou à feuillage persistant, mais s'éloignant par leur facies de nos types cultivés !

Dierville rose, de la Chine et du Japon.

Clématites à grande fleur, du Japon et de la Chine.

Quelques-uns de nos arbres fruitiers se sont vus métamorphosés en arbustes de pur ornement. La fée asiatique a couvert l'Amandier et le Pêcher de corolles blanches, roses ou purpurines, unicolores ou panachées, simples ou doubles ; sa baguette a parsemé Reine-Claudiers et Guigniers de fleurettes multiples, neigeuses ou lilacées. Le Pommier a été touché ; au printemps, il est chinois par sa floraison gracieuse ; à l'automne, sous le nom de baccifère, ne semblerait-il pas orné de cerises ou de mirabelles ?

Parmi les arbustes qui ont, comme les précédents, dépassé les espérances, signalons d'abord le vieux Dierville amé-

ricain. Ses frères de l'Empire du milieu, nommés par erreur
« Weigela », sont nombreux et des plus ravissants au premier printemps ; ensuite la Clématite (1). Quelle distance
entre nos lianes et ces charmantes japonaises aux larges
corolles azurées, mauve, ivoire ou incarnat, qui ont fait l'admiration des explorateurs Kæmpfer, Thunberg, Bunge, Siebold, Fortune, Maximowicz, Savatier, et qui, dès 1836, fleu-
rissaient les serres de Paillet, de Bertin, des frères Cels !

Le Lilas, introduit en Italie et en Bohême (1562) par Augier
de Busbeck, ambassadeur de Ferdinand Ier auprès de Soli-
man II, à Constantinople, augmenté plus tard du Lilas de
Perse dont nos jardiniers ont tiré les Lilas *Varin* (1777),
Saugé (1809), etc., a reçu deux espèces bien distinctes : le
Lilas *Josikœa* (1833) de la Transylvanie, le Lilas *Emodi* (1843)
de l'Himalaya ; celui-ci voisin du Chionanthe, est augmenté
désormais du Lilas de Bretschneider, de l'Extrême-Orient,
— déjà l'objet de croisements — et du Lilas du Japon.

Avec l'espèce commune, nos semeurs ont obtenu des Lilas
aux nuances claires ou sombres ; ils ont créé la série à fleur
double, par une fécondation combinée... Demandez à Victor
Lemoine qui opère depuis quinze ans ! Et nous voyons des
centaines de mille plants du Lilas de Marly dans les plaines
d'Ivry et de Vitry, qui approvisionnent les serres et bâches
où se pratique le blanchiment de la fleur à l'aide du chauffage intense et rapide de l'arbuste et de la privation de
lumière pendant une période continue de 20 à 35 jours. Ce
procédé, commencé par le praticien Mathieu, de Belleville, il
y a bien cent ans, a été suivi par Quillardet, Decouflé, Jolly,
enfin par Laurent qui, à lui seul vers l'année 1870, forçait
20,000 Lilas chaque année ; aujourd'hui, la concurrence existe
jusque dans les serres de Nice, quoique les environs de Paris
comptent 350 serres consacrées à cet usage fournissant de six
à dix récoltes par année. La Viorne obier boule de neige se
traite de la même façon.

Le genre Véronique, indigène, a reçu de la Nouvelle-
Zélande et de l'Amérique australe quelques espèces ligneuses,
enjolivées d'épis floraux à la fin de la saison et qui sont ainsi
devenues de bonnes plantes de parterre ou de marché.

(1) La monographie du genre Clématite a tenté la plume d'hommes mar-
quants de notre siècle : l'Anglais Lindley (1799-1865), l'Américain Asa Gray
(1810-1888), le Français Alphonse Lavallée (1836-1884).

N'est-ce pas ainsi que le Rhododendron pontique, contemporain de Tournefort (1656-1708), a ouvert ses rangs aux espèces des Deux-Mondes ? D'abord le Rosage en arbre (1796, Inde et Népaul), puis le Rhododendron du Caucase (1803) ;

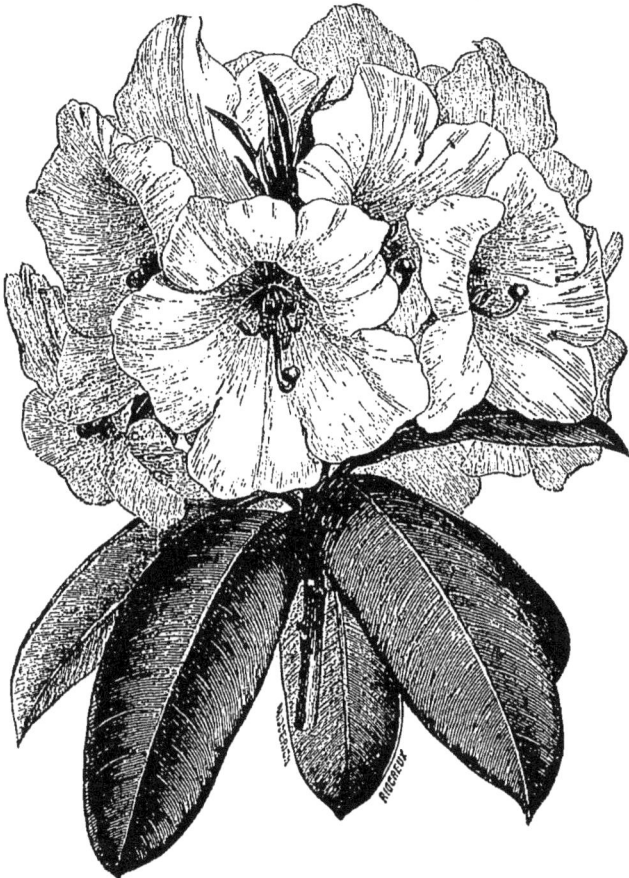

Rhododendron de Lady Dalhousie, du Sikkim-Himalaya.

ensuite le robuste Rhododendron de Catawba (1809, Virginie et Caroline du Nord), et les types polaires du Kamtschatka (1802), de la Daourie (1815), de la Laponie (1825).

Nous passons quelques espèces secondaires pour arriver, de 1821 à 1869, aux superbes Rosages du Sikkim, du Bootan, de l'Himalaya, signalés par l'infortuné Victor Jacquemont

(1801-1832), l'explorateur si brillant d'espérances, rapportés par Booth et Hooker, et qui semblent avoir retrouvé leur berceau sur le littoral à Cherbourg. Quant aux Rhododendrons de la Malaisie trouvés par Law et Lobb en 1840, et dont la première floraison en Europe s'est effectuée en 1850, chez Thibaut et Keteleer, en 1851, chez Paillet, en 1852, dans les Cornouailles anglaises ; quant à ceux du Yunnam, toujours abondamment fleuris, récemment apportés par le missionnaire Delavay, avec d'autres raretés arbustives, ils s'éloignent des races primitives, sans se rapprocher davantage des Azalées, que la science botanique confond avec le Rhododendron dans le sens générique.

Le groupe de l'Azalée comprend différentes sections. Dès 1734, plusieurs districts de l'Amérique du Nord nous transmettaient leurs espèces : Azalea *bicolor*, *glauca*, *nudiflora*, *hispida*, *viscosa* ; après 1830, nous recevons les Azalea *calendulacea*, *canescens*, *arborescens*. Dans l'intervalle, en 1793, l'Asie-Mineure nous gratifie de l'Azalée pontique qui va devenir un sujet porte-greffe de ses congénères. La Chine et le Japon nous font connaître de charmantes et robustes espèces : Azalea *amœna*, *liliiflora*, *villata*, *narcissiflora*, *punicea*, et l'Azalea *mollis* (1823), race citron ou cuivrée qui s'est prodiguée, par le semis, en individualités toujours belles et floribondes.

Presque tous ces types orientaux et certaines variétés indiennes ont bravement supporté les 25 degrés de froid, au mois de décembre 1870, sans feu ni lieu, en pleine terre à Sceaux, les propriétaires de l'Établissement Thibaut et Keteleer et leur personnel s'étant trouvés brusquement refoulés par l'invasion ennemie.

Où la nomenclature des variétés s'est élargie, où la fleur a varié ses nuances, panaché et doublé sa corolle, c'est certainement avec l'Azalea indica, arbuste rapporté de l'Inde en 1680, disparu en 1768, mais revenu plus tard. Supposerait-on que la France, la Belgique et l'Angleterre en vendent plusieurs millions de sujets chaque année, pour fleurir les boudoirs, les jardins d'hiver, les expositions printanières ? Savez-vous que la grande majorité des Azalées de l'Inde, des Rhododendrons et des Camellias ont dû passer sous le greffoir du multiplicateur et vivre de terre de bruyère naturelle ou factice ? L'habileté du praticien Pierre Bertin, de Ver-

sailles, qui porte gaillardement ses quatre-vingt-dix ans (1),
n'a pas été dépassée dans cette culture.

A lui seul, le Camellia ne présente-t-il pas un siècle de
progrès dans ses transformations rapides et merveilleuses ?
De 1794 à 1810 pénétrèrent en Europe quelques Camellias
à fleur double ; le type à fleur simple rapporté du Japon

Camellia du Japon à fleur double, striée.

par l'Italien Camelli les avait devancés d'une soixantaine
d'années. Depuis, quels prodiges ! quelle légion de variétés
au coloris passant du blanc de marbre au rouge ponceau ! A
son apogée, la reine de nos plages maritimes et de nos fêtes
hivernales a ses fervents et ses littérateurs. Les collections

(1) Pierre Bertin, horticulteur, né le 4 janvier 1800 à Ris-Orangis, est
décédé le 3 avril 1891 à Versailles.

Cels, Soulange-Bodin, Godefroy, Berlèze, Tamponet, Fion, Lemichez, Courtois, Paillet, Durand, Cachet, Marie, celles de la Ville de Paris et de la Ville de Lyon, resteront célèbres.

Dans le monde des plantes, le sceptre floral appartient sans conteste au Rosier. A notre époque revient l'honneur des croisements entre nos vieilles races européennes et les fraîches et brillantes filles parfumées de l'Asie, de l'Afrique, de l'Amérique du Nord.

Alexandre Hardy (1787-1876), jardinier en chef des jardins du Luxembourg, à Paris, et chargé du cours d'arboriculture, collectionneur de Vignes, semeur de Rosiers, auteur du *Traité de la taille des arbres fruitiers*.

Acclamée par les suffrages, digne d'une situation aussi élevée, est-il étonnant de voir la reine des fleurs entourée de courtisans et chantée par les poètes et les troubadours sous tous les régimes? Des fêtes publiques sont consacrées à sa gloire. N'avons-nous pas pris nous-même une part active aux premières expositions de roses, à Fontenay-aux-Roses, 1863, à Brie-Comte-Robert, 1865, à Troyes, 1887, au titre d'exposant, de membre du jury ou de président organisateur? Les enfants légitimes, directs ou adultérins du Rosier sont tellement nombreux que la surface du Champ de Mars ne suffirait pas à loger toute la lignée. Nous pouvons dire avec

un certain orgueil national, que la Rose est le grand succès
de l'exposition florale, comme elle est la perle de nos jardins
et le triomphe de l'horticulture française.

A force de chercher la rose bleue, nos horticulteurs n'ont
pas perdu la rose rose, suivant un mot historique. Les noms
de semeurs tels que Hardy (1), Desprez, Dupont, Prévost,
Laffay, Descemet, Vibert, Cochet, Guillot, Verdier, Porte-
mer, Lévêque, Ducher, Lacharme, Pradel, Jamain, Pernet,
Levet, Margottin, sont liés à l'histoire et aux progrès de la
Rose. Que sont devenues les 110 variétés étiquetées à la
Malmaison par le jardinier Dupont, en 1810, et les 300 roses
annoncées vers 1815, par le semeur Descemet, de Saint-
Denis ? Où sont les 1,020 noms inscrits en 1829 au catalogue
de Prévost fils (Nicolas-Joseph, 1787-1855) ? Mais combien
manquent à l'appel parmi les types peints par Pierre-Joseph
Redouté (1759-1840), décrits par Claude-Antoine Thory (1759-
1827), l'ancien greffier du Châtelet qui avait signé le décret
de prise de corps du fougueux jacobin « l'idole du peuple »
et qui, après sa fuite, devint un rosiériste érudit ?

En 1811, l'*Almanach des Roses* de Thomas Guerrapain
(1754-1821), imprimé à Troyes, dédié aux Dames avec une
certaine galanterie, énumérait près de deux cents variétés
de Rosiers parmi lesquelles six seulement, de la tribu de
Bengale, sont remontantes ; c'est-à-dire que la floraison se
renouvelle dans la même année.

Quelques années plus tard, en 1818, un autre compatriote
de l'Aube, le comte Lelieur (1765-1849), intendant des parcs
de la Couronne, dédiait à Louis XVIII la *Rose du Roi*,
gagnée par Souchet au fleuriste de Sèvres, en 1816 ; cette
favorite des boutonnières a, sur la charmante *Pompon de
mai*, l'avantage d'être perpétuelle.

Notre déesse est réellement perpétuelle. Lorsque les rose-
raies de Paris, de Brie, de Lyon, d'Angers, d'Orléans, de
Nantes seront au repos, le soleil de Nice, de Cannes, d'Hyères
et du Golfe Juan enverra aux quatre coins de l'Europe
des bouquets ravissants de *Souvenir de la Malmaison*, de
Safrano, de *Maréchal Niel*, de *Niphétos*, de *Comtesse de
Leuze*, de *Papa Gontier*, de *Gloire de Dijon*, de *Homère*,

---

(1) « .....M. Hardy est le plus passionné, le plus éclairé, le plus favorisé
des amants de Flore... », disait la *Revue horticole*, au mois de juillet 1832.
Et cet homme heureux a vécu quatre-vingt-dix ans !

de *La France*, de *Coquette de Lyon*, de *Paul Nabonnand*, de *Marie Van Houtte*, de *Socrate*, de *Pactole*, de *Lamarque*, de *William Allen Richardson*, de *Gloire des Rosomanes*, de *Comte Bobrinsky*, de *Bengale Sanguin, Cramoisi, Ducher*...

N'avons-nous pas, d'ailleurs, les forceries qui ne nous laissent jamais chômer de Roses en hiver ? Depuis le jardinier

Rose de la Reine, hybride remontante obtenue en 1844 par Jean Laffay (1795-1878), à Bellevue-Meudon.

Legrand qui, vers 1776, en fut le précurseur, depuis le fleuriste Laurent qui chauffait 50,000 Rosiers, il y a bientôt cinquante ans, comptez le nombre de bâches consacrées à cette industrie, comptez les milliers de Rosiers : *du Roi, Célina Dubos*, tribu de Portland ; *Salet*, tribu des Mousseuses ; *Anna de Diesbach, Baronne Adolphe de Rothschild, Cap-*

tain Christy, Duchesse de Cambacérès, Général Jacque-minot, Jules Margollin, Madame Boll, Magna Charta, Merveille de Lyon, Paul Neyron, Pæonia, Rose de la Reine, Souvenir de la Reine d'Angleterre, Triomphe de l'Exposition, tribu des Hybrides ; *Mistress Bosanquet, Souvenir de la Malmaison,* tribu de l'île Bourbon ; *Belle Lyonnaise, Gloire de Dijon, Safrano, Madame Falcot, Niphétos,* tribu de Thé ; *Lamarque,* tribu de Noisette ; *Cramoisi supérieur,* tribu de Bengale, etc., soumis à cette épreuve ?

Nous avons nommé la « tribu de Bengale ». Le genre Rosier est en effet sectionné par tribus qui empruntent leur nom à l'origine du type. Le Rosier *de Bengale* provient de cette contrée de l'Inde et a été apporté au Muséum, vers 1798, par le chirurgien Barbier ; le Rosier *de Noisette* fut expédié de l'Amérique du Nord, en 1814, par Philippe Noisette à son frère Louis, horticulteur à Paris ; le Rosier *de l'Ile Bourbon* trouvé dans cette île par Bréon, directeur des jardins royaux, fut envoyé à Jacques, de Neuilly, en 1817 ; le Rosier à odeur de *Thé* apporté de l'Inde en Angleterre par Colville, vers 1789, arrivait en France vingt ans après ; enfin, le Rosier dit *Hybride,* produit par le croisement de ces derniers avec les anciennes tribus d'origine orientale, *Musquée, de Provins, Damas, Centfeuilles,* etc. Les premières fécondations ont été opérées dès 1825 par Vilmorin, Laffay, Cugnot, Péan, Hardy, Noisette, Desprez, Verdier, Sisley ; elles se continuent entre Roses remontantes augmentées des races *Polyantha, Rugosa,* etc. Les nombreuses variétés se rangent dans ces diverses catégories. Choisissons nos exemples parmi les variétés les plus distinguées, avec la date de leur entrée dans le monde :

Bengale *Cramoisi supérieur,* né en 1832 ; *Hermosa,* en 1840 ; *Fellemberg,* en 1857 ; *Ducher,* en 1869 ;

Noisette *Aimée Vibert* (1828), *Ophirie* (1841), *Solfatare* (1843), *Céline Forestier* (1842), *Zélia Pradel* (1861), *Bouquet d'or* (1871), *William Allen Richardson* (1878) ;

Thé *Adam* (1833), *Bougère* (1833), *Sombreuil* (1851), *Gloire de Dijon* (1853), *Homère* (1858), *Belle Lyonnaise* (1869), *Catherine Mermet* (1869), *Mademoiselle Marie Van Houtte* (1871), *Souvenir de Paul Neyron* (1871), *Perle des jardins* (1874), *Madame Lambard* (1877), *Jules Finger* (1878), *Reine Marie-Henriette* (1878), *Francisca Krüger* (1879), *Beauté de l'Europe* (1881), *Madame Eugène Verdier* (1882) ;

Ile Bourbon *Mistress Bosanquet* (1832), *Reine des Ile-Bourbon* (1834), *Souvenir de la Malmaison* (1843), *Louise Odier* (1851), *Émotion* (1862), *Madame Pierre Oger* (1878) ;

Hybride *Baronne Prévost* (1842), *Général Jacqueminot* (1853), *Jules Margottin* (1853), *Duchesse de Cambacérès* (1854), *Prince Camille de Rohan* (1861), *John Hopper* (1862), *Charles Margottin* (1863), *Madame Victor Verdier* (1863), *Marie Baumann* (1863), *Mademoiselle Thérèse Levet* (1864), *Monsieur Boncenne* (1864), *Abel Grand* (1865), *Élisabeth*

Philippe – Victor Verdier (1803 – 1878), vice-président de la Société nationale d'horticulture de France, cultivateur et semeur de Rosiers, de Pivoines, de Glaïeuls, d'Iris, importateur de végétaix exotiques.

Vigneron (1865), *Coquelle des blanches* (1867), *La France* (1867), *Baronne de Rothschild* (1868), *Duc d'Édimbourg* (1868), *Paul Neyron* (1869), *Bessie Johnson* (1872), *Captain Christy* (1873), *Jean Liabaud* (1875), *Magna Charta* (1876), *Ulric Brunner* (1881), *Merveille de Lyon* (1882), etc.

Pardon ! Nous oublions la Rose *Mousseuse*, rapportée d'Angleterre en 1807, devenue remontante dans la Moselle, vers 1828.

A notre époque appartiennent les modes de greffage du Rosier. La greffe forcée, sous verre, remonte à Descemet, en 1812, et la greffe sur racine à Filliette, avant 1830, l'un et l'autre de la banlieue parisienne ; les plants obtenus par ce

dernier procédé — très pratiqué de nos jours — se trans-
forment facilement en sujets francs de pied, l'enracinement
du greffon étant la conséquence de sa mise en terre.

Quittons les Roses, non sans regrets. Voici de nouvelles
recrues, ignorées avant la Révolution et qui, par leur « ro-
bustesse », ont gagné des lettres de naturalisation.

Ici encore, l'immense superficie de la Chine et le sol marin
ou volcanique du Japon, avec leurs climatures extrêmes, seront pour nous une mine inépuisable.

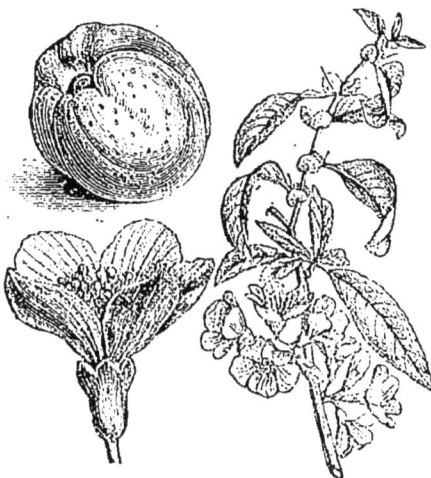

Chænomeles ou Cognassier du Japon.

Parmi les espèces aux tiges volubiles, l'Akebia, l'Actinidia,
le Kadsura, des Ampelocissus, des Spinovitis, d'un effet
agréable, et la Glycine de Chine qui orne de ses festons
racémiflores la façade de nos villas et de nos chalets.

Les arbustes non grimpants comprennent entre autres :

L'Abelia, sous-arbuste simulant un Chèvrefeuille nain ;

Le Buddleia, fort élégant dans sa floraison en épis termi-
naux ou en capitules axillaires ;

Le Chænomeles, vulgairement « Cognassier du Japon » ;
l'espèce dite *à ombilic* a produit une série de nuances dans
la corolle et une variété de fruits parfumés ;

La Badiane, le Corylopsis, de moyenne taille, joli feuillage ;

Les Desmodium, Indigofera, Lespedeza, sortes de Sain-
foins à tiges suffrutescentes et floribondes, fin de saison ;

L'Exochorda à fleurs printanières, genre voisin des Spirées, originaire de la Chine boréale ;

Le Deutzia, se couvrant de petites grappes blanches ou rose lilas, à fleuron simple, semi-double ou archidouble ;

L'Idesia, arbrisseau dioïque à large feuille ;

Le Fontanesia, rameaux dégagés, à floraison précoce ;

Le Forsythia, avec ses corolles citron, groupées ou disposées en véritables guirlandes, au premier printemps ;

Plusieurs Hydrangéas, parmi lesquels de superbes types

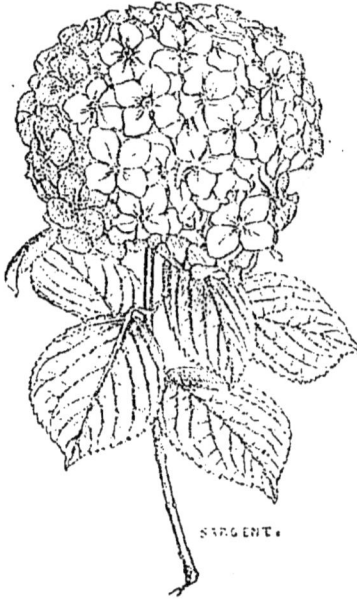

Hydrangea Hortensia, du Japon.

paniculés, sous-ligneux, et l'opulent Hortensia trouvé en 1790 par sir Joseph Banks, en 1771 par l'astronome Legentil, et dédié à Hortense de Nassau ; ses corymbes rose-clair passent à l'ardoisé sous l'influence des terrains ferrugineux ;

La Ligustrine, région de l'Amour et de l'Ussuri, arbrisseau reliant le Troène au Lilas, envoyé par Maack, vers 1860 ;

Le Marlea et le Cardiandra, d'un tempérament gélif sous nos climats variables ;

Le Mume (Baltet frères, 1878), voisin de l'Abricotier, une des premières manifestations du réveil de la nature, aux

fleurettes blanches, roses, pourpres, simples ou doubles de
pétales, ayant leur place dans tous les jardins ; fleur sym-
bolique et bel ornement des promenades, au Japon ;

Le Phellodendron, arbre au liège, dioïque, trouvé sur les
bords du fleuve Amour, en 1857, par le célèbre voyageur
russe Maximowicz ;

La Pivoine en arbre (1797), d'un effet magnifique par ses
fastueuses corolles rappelant, avec ses congénères herba-
cées, les noms de Noisette, de Mathieu, de Margat, de His,
de Modeste Guérin, de Burdin, de Verdier, de Jacques, de

Xanthoceras à feuille de sorbier, de la Mongolie chinoise.

Paillet, de Callot, de Lémon. Après les essais de Soulange-
Bodin et de Jacques, dès l'année 1829, la Pivoine ligneuse se
greffe sur racine de l'espèce vivace, d'Orient ;

Le Pterostyrax, robuste, beau feuillage, fleur blanche ;

Le Rhodotype, fleurissant en mai ses corolles blanc de lait ;

Le Xanthoceras de la Mongolie, distingué par sa floraison
et sa fructification ; rapporté par l'abbé Armand David au
Muséum, en 1868.

A côté de ces feuillages qui, tous les ans, disparaissent et
se renouvellent, la verdure perpétuelle animera nos salons et
nos bosquets avec d'intéressants végétaux connus sous le
nom d'arbustes à feuilles persistantes :

Les Aralias du Japon ou de Formose; leur aspect les éloigne des similaires aux feuilles caduques et bipennées ;

Les Aucubas, qui ont modifié le ton de leur feuillage et l'ont accompagné de baies vermillonnées après la fécondation accomplie, dès l'arrivée du type *mascula* en France, il y a vingt-cinq ans, dans les serres Thibaut et Keteleer et chez Victor Lemoine. Le plant mâle trouvé le 7 avril 1861, par Robert Fortune, chez le docteur Hall à Yokohama, fut cédé

Mahonia de Béal, de la Chine.

« au poids de l'or » à son ami Standish, qui le propagea aussitôt par la greffe et le répandit dans les Deux-Mondes ;

Le Bibacier, cité aux arbres fruitiers; feuillage étoffé, grappes florales en hiver suivies de fruits comestibles ;

Le Daphniphyllum, Euphorbiacée d'un aspect particulier ;

Les Fusains du Japon, robustes en caisse ou en pleine terre, multipliant leurs panachures. L'explorateur Von Siebold nous a déclaré que les Japonais obtenaient ces variantes à volonté;

Les Mahonias, séparés des Berberis, de la même famille ; quelques espèces orientales ont le feuillage coriace et acéré;

Le Nandina au feuillage tripenné, aux baies carminées ;

L'Osmanthe au feuillage vert ou bicolore ; sa fleur, employée là-bas à l'aromat du thé, embaume les jardins du nord de la Chine avec le Magnolia fuscata ;

Le Photinia, caractérisé par son beau feuillage vernissé ;

Le Pieris, vulg. « Andromède du Japon », se couvrant, dès le mois de février, de grappes de fleurs nacrées, en grelot ;

Le Pseudœgle, Citronnier du Japon, à petit fruit acidulé, aromatique ; nos lièvres sont friands de ses jeunes pousses ;

Les Raphiolepis, fleuris au printemps, greffables sur cognassier ou sur épine, comme le Bibacier et le Photinia ;

Le Skimmia, aux panicules de petits fruits rouge cinabre.

Nous avons cité les Fusains ; nous aurions pu nommer, au même titre, des Troènes, des Houx, dont les caractères extérieurs tranchent avec ceux de nos races locales.

En dehors de la Chine et du Japon, nous devons à l'Asie d'autres beautés végétales, dites « à fleur » ou « à feuillage » :

1° De l'Asie-Mineure :

L'Althéa, Ketmie ou Mauve de Syrie, égayant nos bosquets, vers la fin de l'été, avec ses larges corolles simples ou multiples, arbuste connu de nos aînés. Une seule variété à fleur double est signalée au *Bon Jardinier* de 1789 ; il en existe plus de quarante aujourd'hui ;

La Bourgène de l'Imérétie ou du Liban, à grande feuille ;

Le Liquidambar d'Orient, d'un beau port pyramidal ;

Le Prunier cerise ou Myrobolan, s'étendant jusqu'à la Perse, d'où la variété à feuille pourpre est envoyée par Pissard. — Bon sujet porte-greffe du Prunier et de l'Abricotier ;

Le Phillyrea de Vilmorin, à feuille de laurier, un de nos plus jolis arbustes verts et des plus rustiques, recueilli en 1866 par Balansa, au sud-est de la mer Noire ;

L'Andrachné, sorte d'Arbousier vigoureux, à grande feuille.

2° Du Turkestan et de l'Afghanistan :

Des Chênes, des Aubépines, des Saules, des Peupliers.

3° De la Colchide et du Caucaso :

Un Staphylier élégant et florifère qui se soumet au forçage mieux que les Lilas, importé il y a trente-cinq ans environ ;

Le Zelkowa, confondu avec le Planéra, espèce voisine ;

Quelques « formes » remarquables à feuillage plus grand ou plus compact du Laurier-amande;

Le Lierre de Rægner, un des plus beaux du genre;

Des Amandiers, des Clématites, des Cotonéasters, des Cytises, des Daphnés, des Épines-vinettes, des Érables, des Fusains, des Jasmins, des Smilax.

Alphonse Lavallée (1836-1884), président de la Société nationale d'horticulture de France, trésorier de la Société nationale d'agriculture de France, créateur des collections dendrologiques et florales de Segrez (Seine-et-Oise), auteur de l'*Arboretum Segrezianum* et des *Clématites à grandes fleurs.*

4° De la Sibérie et de la Daourie :

Des Bouleaux, des Caraganas, des Cornouillers, des Groseilliers, le Peuplier à feuille de saule, des Ormes, des Saules;

La Potentille ligneuse, de la Daourie;

Le Pommier à fruit bacciforme, dit « baccifère ou microcarpe », *Malus baccata* ou *cerasifera*, qui résiste aux grands hivers, comme les arbustes de la Russie boréale. Il a produit une collection fort intéressante de variétés à floraison agréable à la vue et à l'odorat ; ses fruits minuscules rappellent par leur aspect des cerises, des groseilles, des alises, des prunes ou de petites baies en cire.

5° Du Népaul et des pays voisins : la flore de ces riches contrées nous a gratifiés de ses Amélanchiers, Berbéridées, Cerisiers à grappes, Chamécerisiers, Chênes, Cotonéasters, Deutzias, Gattiliers, Hydrangéas, Millepertuis, Seringats, Troènes, Viornes, assez différents des nôtres ; citons encore le Leycesteria à peau vert-rainette et la floribonde Clématite des montagnes, constellée de fleurs printanières.

6° De la Mandchourie : des Troènes et des Noyers, parfaitement distincts de leurs congénères déjà cultivés.

Nous pourrions ajouter le Trachycarpus ou « Chamærops de Fortune », rencontré par l'heureux explorateur dans les vallées neigeuses des côtes orientales chinoises et des monts himalayens.

Enfin, les importations de l'Inde, de l'archipel de la Sonde, de l'Océanie, attirées par le ciel lumineux et les nuits diaphanes de la Provence et qui ne tarderont pas à transformer les scènes végétales de nos provinces littoraliennes.

Nos bosquets ont gagné de l'Amérique septentrionale :

Les Andromeda, Cassandra et Cassiope, broussailles vertes mélangées aux Lédons, aux Menziésias, au Kalmia glauque, aux Rosages de Laponie, dans les forêts marécageuses des régions polaires et glaciales du Mackensie et du Labrador ;

L'Aronia réintégré dans le genre Amélanchier ;

L'Asiminier ou Anone trilobé des États-Unis méridionaux ;

Le Baccharide de Virginie, vulg. « Seneçon en arbre », d'un bel effet automnal par ses aigrettes soyeuses;

Le Calycanthe de Californie (1831), dont les corolles aromatisées semblent taillées dans le vieux maroquin ;

De floribonds et gracieux Céanothes, une perle de nos jardins, se couvrant de grappes légères et remontantes sur les versants torrides de la Sierra Nevada, ou sous les fourrés de l'Orégon et dans les crevasses porphyriques du Mexique;

Quelques Cerisiers toujours verts, à la façon de l'Azarero ;

Le Choisya des montagnes mexicaines, bonne plante de climat tempéré, trouvée en 1866 par Hann, collecteur botaniste de la Commission scientifique française ;

Des Groseilliers, parmi lesquels le Groseillier sanguin, rapporté en 1827 des Andes californiennes, le Groseillier doré (1813) des bords du Missouri, devenu sujet porte-greffe de nos espèces à fruit comestible, élevées sur tige ;

Louis Noisette (1772-1849), horticulteur à Paris, auteur du *Jardin fruitier*, du *Manuel complet du jardinier*, du *Manuel du jardinier des primeurs*, semeur, importateur et propagateur de végétaux rares ou inédits.

Certains Hydrangéas ligneux des bois pensylvaniens, des vallées de la Caroline, des cours d'eau de la Floride ;

Des Mahonias robustes, quoiqu'on les eût livrés à la serre chaude (1833), lorsqu'ils quittèrent les montagnes Rocheuses ;

Des Noisetiers rebelles aux froids les plus rudes ;

Le Nuttalia porte-cerise, voisin des Spirées, produisant par le semis, des plants monoïques ou dioïques ;

Le Pavia de Californie, grand buisson de pied franc, jetant çà et là ses thyrses spiciformes nuancés beurre frais ;

Le Robinier glutineux (Michaux, 1797), aux grappes car-
nées; bel arbre des lieux abrités de la Virginie et de la Caroline, comme le Robinier rose ou hispide, de 1747 ;

Le Shepherdia du Canada, parent robuste de l'Argousier ;

La Symphorine à fruit blanc, arrivée en 1812 des montagnes canadiennes, et l'espèce mexicaine en 1829 ;

Enfin, une série rustique de Saules, de Seringats, de Spirées, de Sumacs, de Sureaux, de Tecomas, de Troènes, de
Viornes qui se sont promptement répandus dans nos jardins.

Ajoutons les Vignes à grande arborescence des groupes
æstivalis, cordifolia, labrusca, rotundifolia, monticola, tant
recherchés depuis vingt ans pour seconder l'homme luttant
contre le phylloxéra, l'ennemi du vignoble. Les plants américains vivant en intelligence avec le puceron souterrain sont
devenus les sujets porte-greffes de nos cépages vinifères. Ces
races constituent d'ailleurs de bons arbrisseaux grimpants, à
beau feuillage, lent à tomber.

En parlant des Vignes américaines, n'est-ce pas l'occasion
d'évoquer la mémoire d'André Michaux (1746-1800), leur
importateur et de tant de magnificences végétales du Nou-
veau-Monde ? Le jeune fermier de Satory, désolé d'un trop
prompt veuvage, enthousiasmé des leçons de Jussieu, visite
la Perse, parcourt l'Amérique du Nord, installe des pépinières d'études à New-York et à Charlestown, expédie en
France 60,000 jeunes sujets d'essences forestières ou ornementales qu'il a minutieusement observées et décrites. Il part
le 13 avril 1796 pour la France, où il arrive après un nau-
frage en vue des Pays-Bas. Son second voyage est pour la
Nouvelle-Zélande ; il s'arrête à Madagascar et s'y éteint pré-
maturément. Le fils de Michaux, François-André (1770-1855),
continua son œuvre d'études botaniques et de recherches
dendrologiques.

Signalons encore les noms de l'académicien Louis Bosc
(1759-1828), directeur des pépinières de Trianon et de Versailles ; des célèbres horticulteurs Jean-Martin Cels (1743-
1806), de l'Académie des sciences et Louis Noisette (1772-
1849), qui ont propagé les végétaux d'outre-mer et formé de
nombreux élèves dans le jardinage, celui-ci construisit le
premier jardin d'hiver vitré et chauffé ; enfin de François
Riché (1765-1838), jardinier chef au Muséum, inventeur du
bouturage et du greffage à l'étouffée, vers l'année 1800.

Cels, dont l'éloge a été fait par Cuvier, seconde Madame Aglaé Adanson (1775-1852) dans la composition du parc de Balcine ; Cels avait ses entrées à la Malmaison avec le botaniste Ventenat, l'explorateur Bonpland, le peintre Redouté, le professeur de Mirbel. Un de ses meilleurs élèves a été le

Aglaé Adanson (1775-1852), créatrice de l'Arboretum de Balcine (Allier), auteur de *La Maison de campagne*. Fille de l'académicien Michel Adanson (1727-1806), botaniste explorateur, Mme Aglaé Adanson fut l'ascendante de MM. Doumet, présidents des Sociétés d'horticulture de l'Hérault et de l'Allier.

non moins célèbre Alexandre Hardy, jardinier en chef du Luxembourg, auteur et professeur d'arboriculture renommé. Décoré à vingt-six ans sur le champ de bataille, Hardy reçoit la rosette d'officier de la Légion d'honneur, cinquante-quatre ans plus tard, à l'Exposition universelle de 1867 (1).

(1) Le portrait de Alexandre Hardy, reproduit d'après une médaille qui lui a été offerte par ses auditeurs, est à la page 65. Son fils, Auguste-François Hardy (voir page 6), directeur de l'École nationale d'horticulture de Versailles, premier vice-président de la Société nationale d'horticulture de France, né le 4 avril 1824, à Paris, s'est éteint le 24 novembre 1891, à Versailles.

Araucaria Bidwilli, le Bunya-Bunya de l'Australie orientale,
à la Villa Thuret, à Antibes.

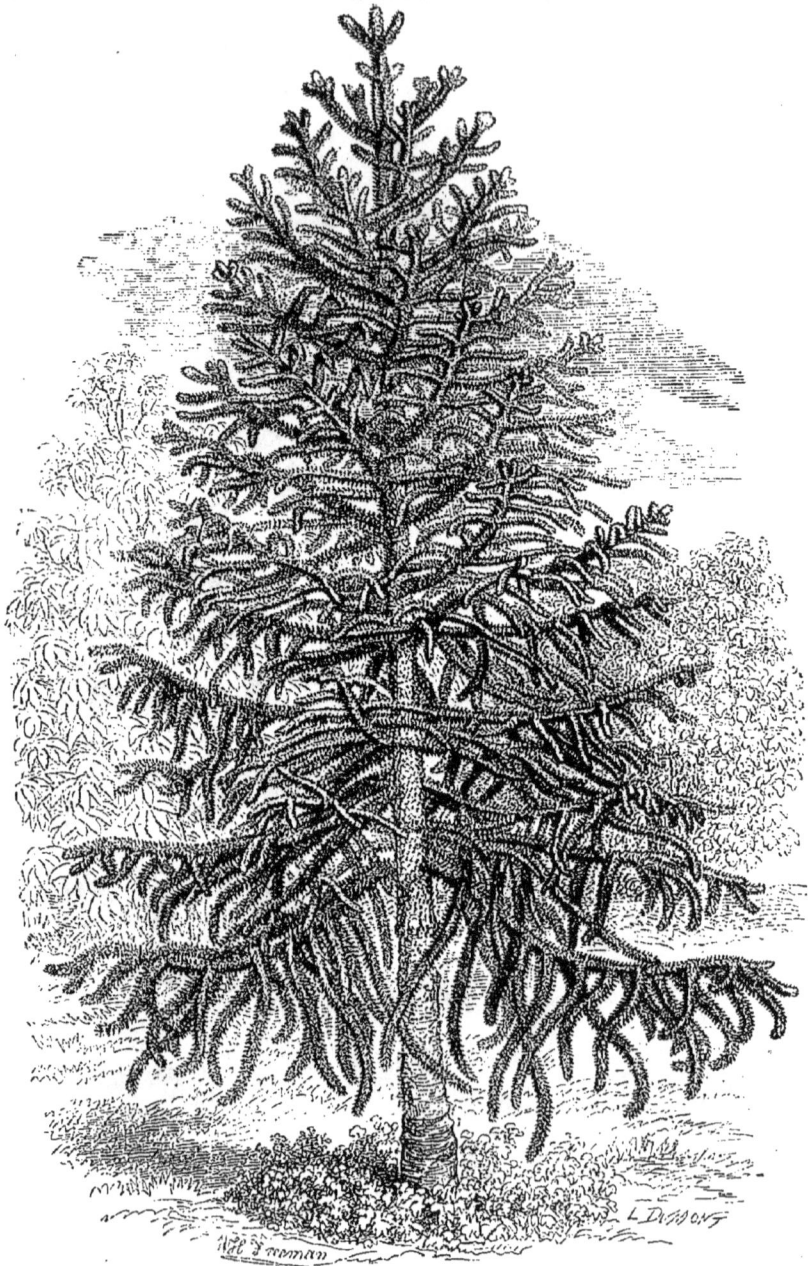

Araucaria imbriqué, *Colymbea imbricata*, du Chili austral ;
sur nos côtes bretonnes et normandes,

Conifères. — En raison de leur importance, nous classons à part les Conifères. Le rôle décoratif ou économique des arbres verts — connus sous le nom d'arbres résineux — leur a valu des hommages mérités et des études descriptives par des hommes de science et de pratique.

Autrefois, les dessinateurs de jardins devaient, faute d'autres, se borner à quelques Sapins et Pins, aux Cyprès et aux Genévriers, au Mélèze, à l'If, au Taxodier, au Thuia. Le xviiie siècle ne comptait guère que dix genres et quarante-cinq espèces d'arbres résineux.

Aujourd'hui, nos architectes paysagistes ont à leur disposition une infinie variété de feuillages et de végétations qui accentuent les perspectives et prolongent les horizons. Leur distribution intelligente donne au parc un cachet de grandeur que d'autres essences ne sauraient procurer et semble apporter à l'habitation une image de la vie éternelle.

Examinons les principaux genres de Conifères :

L'Araucaria imbriqué, 1795, naturalisé sur les plages de la Manche, garde la facture originale qui le caractérise au Chili et dans les Andes araucaniennes ; il est le plus rustique de la tribu Colymbea. Plus délicats sont les Eutactas et les Dammaras des îles Moluques, de la Sonde, de Norfolk et de l'Australie orientale ; de Nice à Monaco, ils ont retrouvé leurs conditions vitales.

Le Biota, vulg. « Thuia de Chine », est arrivé de l'Extrême-Orient, en 1751 ; il s'impose comme arbre de cimetière ou de rideaux verts. Le Biota a fait souche de variétés d'un beau port ou de taille pygméenne, utilisables au jardin.

Après le Cèdre du Liban, cité précédemment et vivant là-haut sur la moraine d'un ancien glacier, où il a exalté l'enthousiasme de Chateaubriand et de Lamartine, signalons le Cèdre de l'Atlas (1842, chaîne algérienne), bien élancé, et l'élégant Cèdre de l'Inde, dit « Deodara », rapporté en 1822 des Andes du Népaul, à la limite des neiges perpétuelles.

Le débarquement des Céphalotaxus, au fruit drupacé, riche en huile et en alcool, arbrisseaux buissonneux de la Corée et de Nangasaki, remonte à une quarantaine d'années. — Le Torreya, au feuillage vert foncé, semblerait être un démembrement de ce même genre appartenant aux Taxinées.

D'après notre compatriote Dupont, ingénieur de constructions navales, en mission à Yokohama — à qui nous devons

Le Cèdre de l'Atlas, originaire de l'Algérie. Groupe dans une île du Bois de Boulogne, à Paris.

Cèdre Deodaia ou de l'Inde, au parc de la Tête-d'Or, à Lyon ;
habitant les Alpes du Népaul et du Thibet.

l'entrée de bonnes variétés de *Kakis* (*Diospyros japonica*), — le bois du Torreya « Kaya » résiste à l'eau, joue peu à l'humidité et sert à confectionner le barillage de luxe et les petites baignoires dans lesquelles viennent réconforter leurs muscles endoloris, — chaque jour en pleine rue, — guéchas et mousmés de ce pays fortuné des arts, de l'amour et des fleurs !

Végétaux exotiques acclimatés à la Villa Degnin, à Cannes.

En 1842, se présente une Taxodinée, étrange de prime abord ; c'est le grand arbre traditionnel des forêts Sud du Japon, le Cryptomeria, estompant la « silhouette opaque des montagnes de Nagasaki », suivant le mot de Pierre Loti. Le bois du « Sugi » veiné de rouge comme celui du Mélèze d'Europe ou du « Pitch Pine » d'Amérique... Vingt ans plus tard arrivait le Cryptomeria élégant, digne de son nom.

A partir de 1838, des Cyprès aux tournures diverses sont expédiés du Thibet, du Népaul, de la Chine, du Guatémala, du Mexique et de la Californie ; ils vont rompre la monotonie de nos vieux Cyprès divariqués ou fastigiés ; témoins les beaux spécimens des pépinières Sahut, dans l'Hérault.

De l'ordre des Cupressinées, on a distrait le sous-genre Chamæcyparis ou Retinospora, dispersé dans les montagnes asiatiques ou américaines.

Les vallées humides des montagnes de la Californie septentrionale nous fournissent, en 1856, le gracieux Chamæcyparis de Boursier, portant le nom de son importateur. Cinq années plus tôt, nous avions reçu le robuste Chamæcyparis de Nutka, ile américaine de Sitcha, et cinq années plus tard, l'ile japonaise de Nippon nous expédiait des Retinosporas et des Chamæcyparis ; la variété pisifère sert là-bas aux sculptures en bois laqué, comme le Planéra, au bois nu ou huilé.

A nos Genévriers viennent s'ajouter des espèces de moyenne stature, provenant de la Syrie orientale (le *Juniperus drupacea,* à l'aspect particulier), ou du Cachemire, de l'Ourato chinois, de la chaine Hakone, de l'Altaï sibérienne, des Bermudes, de la Sierra Nevada, de la Grèce, de l'Espagne, que sais-je... ? Du Genévrier, il en pousse partout, et par monts et par vaux ; il existe tant de friches dans les cinq parties du monde ! Son aire de distribution spontanée est universelle.

L'If, qui stationne de l'Algérie à la Norvège, reçoit d'Amérique quelques types similaires de belle venue. Le Japon nous fournit une espèce particulière qui le relie au genre Cephalotaxus, c'est le *Taxus adpressa,* If tardif, à feuilles pressées, assez résistant à nos hivers.

Le Sud américain se signale, en 1848, par le Libocèdre, Valdivia chilien, et en 1863, par le Libocedrus tetragona, qui s'étend jusqu'au détroit de Magellan. Entre ces deux importations, enregistrons le Libocedrus Doniana, des montagnes boisées de la Nouvelle-Zélande boréale et le vigoureux Libocedrus decurrens, vulg. « Thuia gigantesque » de la Californie, ou « Cèdre à encens », de la Sierra Nevada, fort bel arbre.

Aux Mélèzes d'Europe et d'Amérique, coquets dans leur bourgeonnement au renouveau, ajoutons le Mélèze de Daourie (1827), le Mélèze de Griffith (1850, Himalaya), le Pseudo-Larix

Kæmpferi (1858, Chine et Japon), genre voisin, du même Ordre botanique, également à feuillage tombant.

S'il nous fallait énumérer de la sorte le groupe si important du Pin, nous dépasserions les limites accordées à une simple causerie. Beaucoup d'espèces sont introduites, un plus grand nombre de variétés en résulte encore. Combien de formes, depuis les géants Pinus Lambertiana (1) (1827, montagnes

Chamæcyparis de Boursier, vulg. « Cyprès de Lawson », de la Californie.

Rocheuses) et Pinus Massoniana (1862, plages de Kiusiu), jusqu'aux Pinus parviflora (1846) et densiflora (1862), que les Japonais torturent et « nanisent » à outrance dans une potiche teintée azur ou aurore, et glacée à l'aide des cendres du Distylium racemosum !

(1) D'après une revue californienne, le Pin de Lambert, dit *Pin à sucre*, possède encore des exemplaires historiques « patriarches ayant supporté cinq ou six siècles de tempêtes » menacés par les scieries nomades. Les Indiens de la Sierra Nevada se délectent de sa résine sucrée, tandis que les ours la trouvent trop laxative...

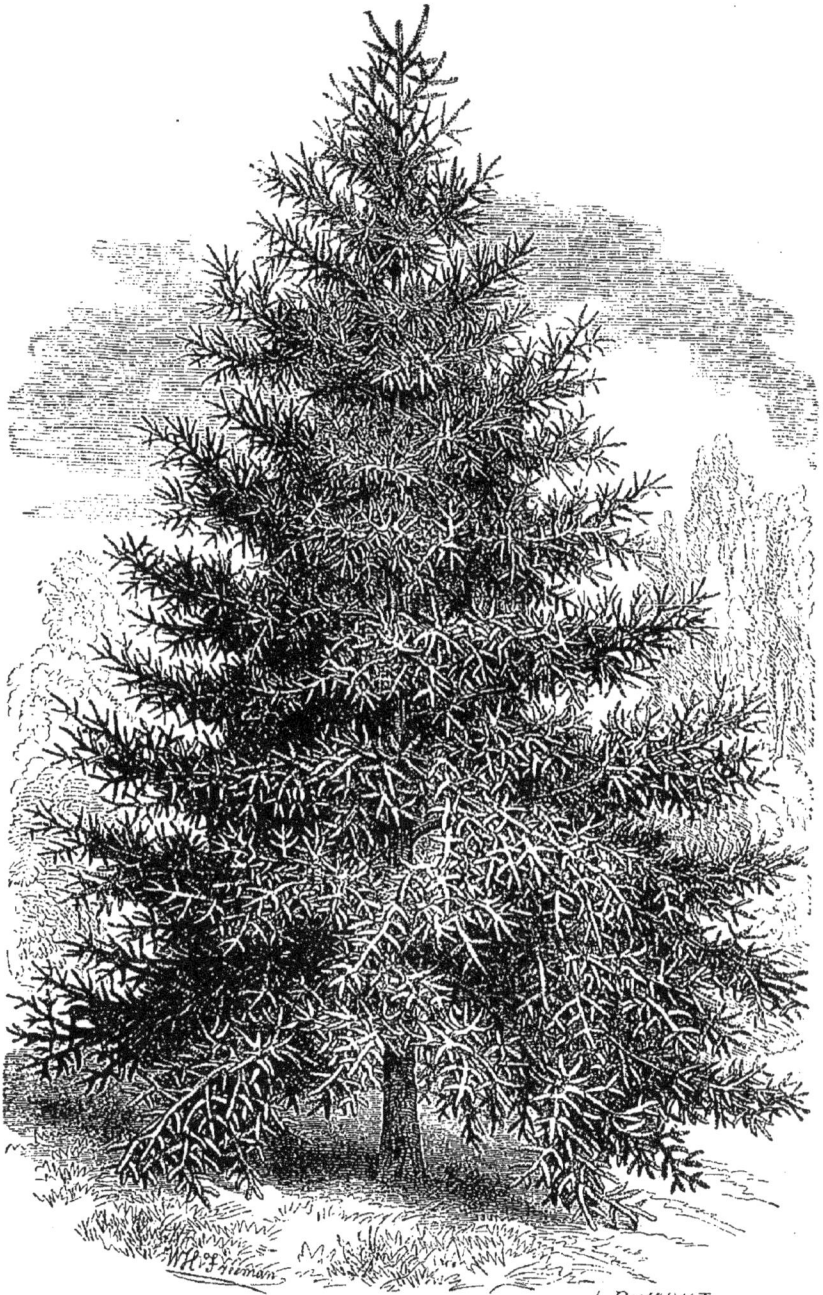

Sapin Pinsapo, au jardin du Luxembourg, à Paris;
des montagnes de l'Andalousie espagnole et de la Kabylie françoise.

Combien d'emplois jardiniques ou industriels, depuis l'élégant Pinus excelsa de nos parcs (1823, Himalaya), jusqu'au

Sapin de Nordmann, du Caucase, au domaine d'Harcourt
(Arboretum de la Société nationale d'Agriculture de France).

Pinus rigida (1828, Etats-Unis, Est et Nord), connu dans le commerce des bois sous le nom de *Pitchpin* ! Cette dernière essence réfractaire aux hivers, nous ne désespérons pas de la voir un jour, de pied franc ou greffée, boiser et fertiliser crêtes, flancs et gorges stériles de notre territoire, comme les Pins sylvestre, maritime, noir ou Laricio (1).

Nous serons aussi sobre de détails en parcourant la collec-

Le Pin Laricio, à l'Ecole forestière des Barres (Loiret);
habitant de l'Europe australe et orientale.

tion des Sapins. Le roi des arbres verts, l'Épicéa, *Picea excelsa*, noble dans son port, a rencontré des espèces moins

(1) On voit, au Muséum, le premier exemplaire de Pin Laricio, planté en 1774 par André Thouin et Antoine-Laurent de Jussieu (1748-1837), fondateur de la méthode naturelle, père d'Adrien de Jussieu, connu de nos contemporains, neveu de Bernard de Jussieu, qui a planté le Gros Cèdre, au Jardin du Roi, en 1735, et la pépinière de Trianon avec les botanistes Richard.

élancées et non moins décoratives ; tels, le Picea Morinda (1818, Himalaya Sud-Ouest), le Picea Menziesii (1831, Cali-

Sequoia gigantesque, de la Californie ; au parc de Montsouris, à Paris.

fornie Nord), le Picea orientalis (1837, Iméritie, Caucase), les Picea Alcockiana et polita (1861), des flancs du Fusi-Yama, la montagne sainte des Japonais.

Naturalisation, domestication, acclimatation, combien de fois ces mots ont été prononcés depuis cent ans! Quelle que soit la manière de les interpréter, on ne saurait nier qu'il est indispensable de placer la plante vivante dans les milieux qui s'assimilent le mieux à son existence normale, c'est-à-dire qui se rapprochent le plus de son pays natal, au point de vue des conditions géologiques et climatériques.

Pierre-Philippe-André Lévêque de Vilmorin (1776-1862), créateur de l'Ecole forestière des Barres et des cultures expérimentales de Verrières-le-Buisson, propagateur de Conifères et autres végétaux exotiques, auteur de travaux pratiques et théoriques sur l'amélioration des plantes d'utilité ou d'ornement.

L'étude des Conifères, combinée avec les observations recueillies pendant les grands hivers, n'en fournit-elle pas l'exemple? Nos prédécesseurs, vivifiant la Champagne avec le Pin sylvestre d'Écosse et le Pin noir d'Autriche, ou fertilisant les landes de Gascogne avec le Pin maritime, qui croit spontanément de la Méditerranée à l'Océan, et avec le Pin Laricio, originaire de la Corse et de la Sardaigne, nos prédécesseurs, disons-nous, se sont conformés à ce principe si logique de l'émigration végétale.

Il n'en a pas été de même lors du boisement de la Sologne avec ces dernières essences méridionales. La règle de con-

duite de l'acclimateur n'a pas été observée ; aussi la terrible
et désastreuse catastrophe de 1879-1880, avec ses 80 jours
consécutifs de gelée et le maximum, 25 degrés de froid, en-

Inflorescence de l'Eucalyptus ; arbre utile importé de la Tasmanie et de l'Australie méridionale, acclimaté sur la côte ligurienne de la Provence maritime,
en Corse et dans la région littoralienne de l'Algérie. (Voir page 55.)

registré dans cette région déshéritée de la France, a-t-elle
fait comprendre à l'homme que, dans les grandes entreprises
agricoles, à ciel ouvert, il ne saurait transgresser impuné-
ment les lois de la nature !

V. Floriculture.

Quelle fâcheuse coïncidence ! La floriculture, si riche, si fière de ses conquêtes, nous attend, et l'heure presse. Peut-être nous sommes-nous attardés aux objets essentiels à la vie ! Il eût été cependant agréable d'étudier tous ces représentants de la Flore exotique qui ont transporté parmi nous, suivant l'expression de Bernardin de Saint-Pierre, « quelque chose de leur bonheur, de leur soleil » et qui, en échange, ont rencontré dans nos jardins l'hospitalité la plus large. Les attentions, les soins ne leur ont pas manqué ; la nourriture et le logement leur étaient assurés et leur reproduction réglée d'une façon sage et combinée. Sur plus d'un point, la transformation qu'ils ont subie est telle que, s'ils retournaient dans leur patrie, les naturels auraient peine à les reconnaître.

A chaque concours de l'Exposition universelle, le Trocadéro est largement approvisionné, notre visite aux fleurs pourra donc se concentrer sur son domaine. Nous ferons cette promenade aussi rapidement que possible.

Ouvrons les serres à deux battants. Nous sommes en présence de sujets remarquables dans les genres principaux ; quelques-uns sont ici plantes de serre et dans leur habitat, arbres d'utilité ou d'ornement.

Les Palmiers, « ces princes du règne végétal » ainsi baptisés par Linné (1700-1778). Les régions chaudes ou tempérées sont leur pays d'origine : le Cocotier du Brésil et de l'Uruguay, le Dattier des Canaries, installé en avenues sur le littoral méditerranéen, le Livistonia de Chine et d'Australie, le Pritchardia mexicain, le Rhapis de l'Extrême-Orient, le Sabal de l'Amérique centrale, le Seaforthia australien ou cingalien, le Washingtonia de Californie.

Déjà Charles Naudin en a acclimaté plus de trente espèces, — davantage de variétés, — parmi lesquelles le Cocotier du Chili, *Jubœa spectabilis*, 1850, dit « Coquito », signalé par les voyageurs Alexandre de Humboldt (1769-1859) et Charles Darwin (1809-1882), au sud du Pérou, au nord du Chili. Le stipe ample et hardi des plantureux exemplaires du Jardin d'essai, à Alger, de la villa Thuret, à Antibes, et de l'ar-

Groupe de Palmiers, au Jardin d'essai, à Alger.
Cocotier (*Jubæa*) du Chili et Dattier (*Phœnix*) des Canaries.

boretum Sahut, à Lattes, peut rivaliser avec le fameux géant
du château portugais des Necessidades.

Les Fougères, plus cosmopolites, modèles de finesse et
de légèreté dans le développement de la fronde ; quelques
extravagantes ont une disposition gazonnante avec l'Adian-
tum, de Madère, — ou volubile, genre Lygodium, des Indes,

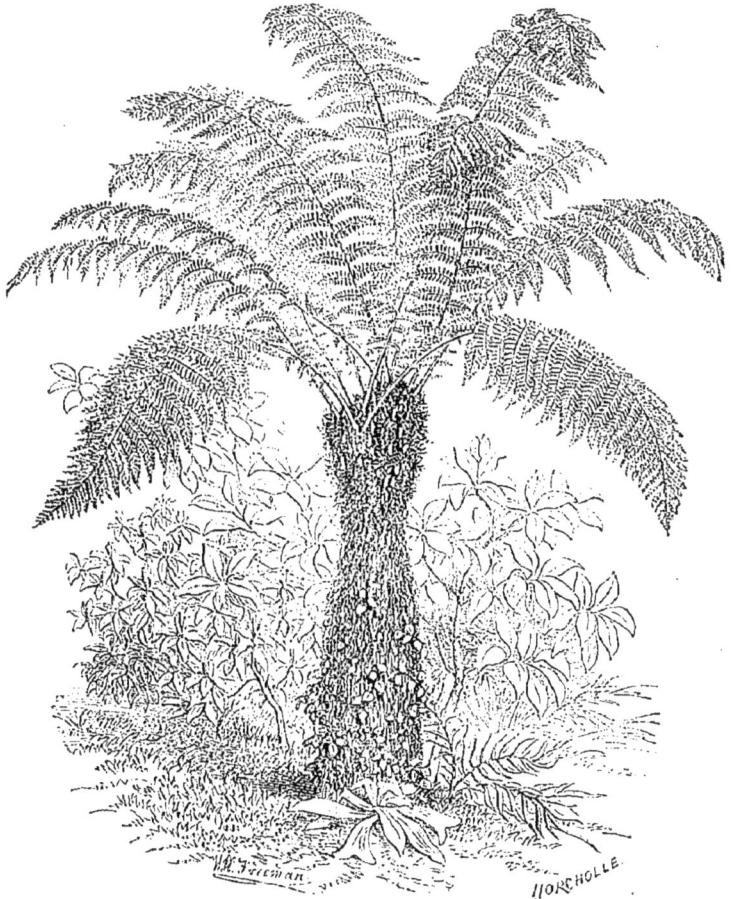

Balantium antarcticum ; Fougère en arbre, de l'Australie.

— épiphyte, à la façon du Platycerium, de Java, — aquatique
comme le Ceratopteris, de l'Amérique tropicale, — souvent
gigantesque, tels l'Alsophila, de Tasmanie, le Balantium, des
îles voisines, le Cyathea, de Maurice, au tronc élevé, écail-
leux et arborescent comme une tige de Palmier.

Les Broméliacées de l'Amérique du Sud ou équatoriale :
Æchmea, Billbergia, Caraguata, Nidularium, Pitcairnia,
Pourretia, Tillandsia, Vriesea, plantes étoffées dans leur
feuillage, originales dans leur floraison, qui ont trouvé d'é-
loquents panégyristes chez Édouard Morren, de Liège et
Édouard André, de Paris.

Caraguata sanguin, découvert par Édouard André (1876, Nouvelle-Grenade).

Les Orchidées épiphytes ou terrestres, véritables bijoux à
surprises, mises à la mode par les *dilettante* du culte de
Flore ; ce sont les fleurs du paradis, d'après Henri Michelet.

Depuis l'importation du premier Dendrobion des Indes en
1812, par Roxburgh; depuis les envois de Guillemin, Houllet
et Pinel au Muséum, de Leprieur et Mélinon, de Perrottet,
Goudot, Triana, et même de nos voisins de Belgique, Linden,
Funck, Schlim, Makoy, Ghiesbreght, Van Houtte, Verschaf-

felt, qui avaient fouillé les régions équatoriales ; depuis les
collections de Cels, Quesnel, Morel, Guneberg, Luddemann,
Pescatore, d'Ayen, de Nadaillac, de Rothschild, Guibert,
Furtado, de Saint-Innocent, Chauvière, Rougier, Lhomme,
Bertrand, Binot, Mame ; depuis les exhibitions de Jolibois,
de Godefroy-Lebeuf, de Truffaut, de Duval, de Chantin, jusqu'aux Cypripèdes étudiés chez Eugène Verdier ou chez
Georges Mantin, combien l'Asie, l'Afrique et surtout les
contrées chaudes du nouveau continent ont-elles produit de
ces « fines mouches » au faîte des arbres, sur les troncs ver-
moulus, dans les mousses et les rochers, au profit de nos
virtuoses ! Nos hardis collectionneurs reviennent enthou-
siasmés de leur butin, n'hésitant pas à recommencer de
nouvelles explorations à travers ces pays fortunés et à entraîner des prosélytes non moins ardents.

En l'honneur de ces plantes hors pair, le high-life a dressé
des autels et brûlé l'encens à chaque office. Mais Plutus
veillait et les marchands ont eu leur chaire dans le temple !...
En ont-ils abusé ? A vous de répondre.

Cependant l'aristocratique étrangère, se familiarisant avec
nos mœurs, a laissé détacher sa parure en faveur de nos fêtes
plébéiennes. Soyons reconnaissants envers les Orchidées. Le
jour de l'ouverture de l'Exposition universelle, de rarissimes
« colibris » ont illustré les splendides corbeilles de fleurs
adressées par le Groupe de l'Horticulture à Madame Carnot
qui, d'ailleurs, sait leur offrir l'hospitalité à l'Élysée.

Depuis quelque temps, il faut le reconnaître, l'Orchidée est
représentée au Marché aux fleurs, — comme le Palmier,
le Ficus, la Dracæna, l'Aralia, le Phormium, l'Aspidistra,
l'Araucaria, — par ses plus robustes variétés. Des Cœlogyne,
des Cypripedium, des Denbrodium, des Lœlia, des Lycaste,
des Odontoglossum, des Phalænopsis, ne sont plus un
« extra » dans les magasins des fleuristes, ni les Fougères
délicates, ni les Broméliacées rustiques.

La bouquetière elle-même sait utiliser le « papillon fleur »,
ses parfums, sa longue durée et son épanouissement suc-
cessif, à l'occasion des solennités officielles ou de famille.

On peut dire que la production répond à la consommation,
et réciproquement ; or, le goût des fleurs est implanté dans
toutes les classes de la société.

Continuons notre excursion. Les pavillons vitrés regorgent

Galerie d'Orchidées en fleurs.
Dendrobium, Cattleya, Saccolabium, Odontoglossum, Vanda, Cypripedium, etc.

de Pandanées, de Cycadées indiennes, chinoises ou japonaises ; ces dernières, objet de la vénération des Annamites dans nos possessions orientales, sont exploitées en Europe pour la vente des feuilles, longues et garnies de folioles épaisses, regardées comme étant les palmes de l'éternité ;

D'Anthuriums aux spathes et spadices à effet, reportons nos souvenirs vers la plante à sensation, trouvée, il y a trente ans, par Schezer au Guatémala, retrouvée ensuite par Wendland, à Costa-Rica, et voyons encore la magnifique découverte de notre camarade Édouard André, alors qu'il traversait la Nouvelle-Grenade, au mois de mai 1876. Supposerait-on que l'Anthurium Andreanum, à sa première floraison, souleva un mouvement d'affaires évalué à 100,000 francs ? Le succès de cette Aroïdée tapageuse engagea de riches amateurs à se syndiquer pour l'organisation d'explorations lointaines ;

De Cactées et d'énormes Agaves, de provenance mexicaine ;

De Caladiums (1), délicates brésiliennes aux toilettes chamarrées par leur amant fidèle, Alfred Bleu, qui les enlumine à volonté, à la façon du céramiste Bernard Palissy, — auteur du premier cours public d'histoire naturelle, il y a trois cents ans. — L'artiste souffle ensuite les paillettes de son officine sur les humbles Sonerilla et Bertolonia qui deviendront ainsi les diamants de l'écrin végétal ;

De Crotons (Moluques, Polynésie, Nouvelles-Hébrides, îles Salomon, Cochinchine), au feuillage unique par ses macules, ses mouchetés, ses marbrures polychromes, arbres multipliés avec succès par Chantrier, l'auteur de belles Aroïdées ;

De Dracænas au port svelte, des îles Canaries, de Maurice, de l'Australie et de la Nouvelle-Zélande. Plusieurs espèces vivent librement à Nice, à Brest, à Cherbourg ; toutes ont fait de Versailles leur quartier-général de propagande ;

De Gloxinias, de l'Amérique du Sud, aux jolies fleurs penchées ou érigées, d'un coloris fin et velouté, ravissant ;

De Gesnerias, du Brésil, et d'Achimènes, du Mexique ; en plein été, leur brillant coloris vient égayer la tonalité de verdure un peu uniforme de nos serres ;

(1) Le Caladium bicolore, importé en 1785 chez Cels, avait été rencontré (1767) à Rio-Janeiro par Commerson, botaniste de l'expédition Bougainville. Dans ces parages, Baraquin, botaniste, explorateur et collectionneur de Caladiums, mourut empoisonné en 1872.

De Nepenthès (Madagascar, Bornéo, Ceylan), curieux par la nervure des phyllodes, se terminant en ascidie représentant une urne munie de son opercule, d'un effet singulier ; .

Anthurium Andreanum, de la Nouvelle-Grenade.

De l'original Strelitzia et du bizarre Testudinaria, du Cap ; Et d'une quantité d'immigrantes de haute lignée qui n'ont pas encore mérité la clef des champs. Parmi les moins frileuses, nos serres ont meublé les galeries de l'Exposition avec des plantes bientôt popularisées. Vous les rencontrerez sur les marchés aux fleurs — Paris en possède onze depuis 1799 — qui, eux aussi, ont pris part au mouvement ascensionnel et de progrès, comme les marchés aux fruits et aux légumes. Leur baraquement primitif à tout vent, n'a-t-il pas fait place à des palais métalliques et vitrés, quelquefois éclairés au gaz ou à l'électricité et reliés par le téléphone ?

Louis Thibaut (1814-1892), vice-président de la Société nationale d'horticulture ; cultivateur et semeur de Pélargoniums, de Bégonias, de Dahlias, de Fuchsias, d'Orchidées et d'autres plantes exotiques.

Notons les plus répandus de ces genres populaires :

Les Agératums, élevés ou nains, à fleur blanche, lilas ou bleu ardoisé, employés dans les compositions florales ;

L'Anthemis frutescent des Canaries, plante sous-ligneuse à grand effet, sorte de grande Marguerite des prés, que l'on élève facilement sur tige ;

Les Bégonias, plantes de salon, belles dans leur feuillage épais, zébré, marbré, ponctué, teinté, et la série tubéreuse

Le rocher du Jardin d'hiver à l'École nationale d'horticulture de Versailles.
splenium, Begonia, Cibotium, Cryptanthus, Cucurligo, Cyathea, Cyperus, Pandanus, Philodendron, etc.

plus familiarisée à la pleine terre, avec ses fleurs simples ou
doubles, au coloris passant du blanc mat au grenat et au citron ; tous sont originaires des parties chaudes des deux
Amériques et de l'Inde anglaise (1).

La duplication de la corolle staminée et la prolifération
plus rare de la corolle pistillée leur donnent l'aspect d'une
fleur pomponnée de camellia, d'anémone ou d'alcée.

Les croisements opérés sur le Bégonia tubéreux par Lemoine de Nancy, et qui produisirent la fleur double dès 1873,

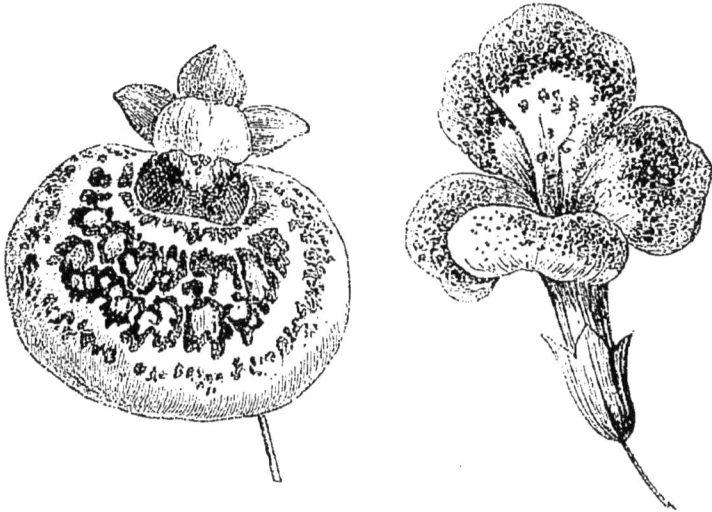

Calcéolaire tigré, du Pérou.   Mimulus cuivré, de Californie.

furent continués par Malet, un maître fleuriste, par Robert,
Lequin, Crousse, Comte, Thibaut, Fournier, Vallerand, etc.

L'étude de cette métamorphose du Bégonia, faite en 1879
par la Société centrale d'horticulture de France, a fait dire
au rapporteur Eugène Fournier : « Victor Lemoine est
l'horticulteur français qui a le plus fait pour l'amélioration
de ces plantes. »

Les Bouvardias du Mexique, aux corymbes lactés ou coral-
lins de fleurs simples ou doubles (Lemoine, 1885) recherchés

(1) Le joli Begonia *Rex*, de l'Assam (pendant le siège de Paris, on a mangé
ses feuilles à la façon de l'Épinard, sur les conseils d'Auguste Rivière), et le
Begonia *Lubbers*, du Brésil, sont dus au hasard ; ils ont germé dans la terre
qui entourait les racines d'autres plantes envoyées en Europe. Le Trocadéro
nous fournit un exemple plus récent avec le *Nicotiana colossea*, de la Bolivie.

par les bouquetières comme la fleur d'oranger, comme le Gardénia de l'Inde et de Natal, simulant un camellia blanc, comme le Stephanotis, Asclépiadée de Madagascar, la fleur-boutonnière des gentlemen d'Albion, — qui embaumait notre serre chaude du Muséum en 1834, — exploitée aujourd'hui dans les serres d'Adolphe Van den Heede, à Lille ;

Cinéraire à grande fleur, de Ténériffe.

Les Bruyères, véritables mousses arbustives de la dernière élégance, compagnes fidèles de Joséphine à la Malmaison, et l'Erica du Cap, déjà connu, et l'Epacris d'Australie (1816), adoptés par Michel ; cette culture est l'apanage de la région de Montreuil et de Saint-Mandé ;

Les Calcéolaires péruviennes, abondamment pourvues d'es-carcelles tigrées cerise ou chocolat sur fond crème, chamois ou canari. Les espèces sous-ligneuses, de pleine terre en été, sont de provenance chilienne ;

Les Cinéraires, de Ténériffe, une sélection raisonnée a su fixer des groupes distincts par leur taille ou par le coloris du capitule radié ; l'exposition de Vilmorin en fournit l'exemple. La fleur, toujours disposée en larges corymbes ombelliformes, a doublé en Angleterre vers 1861, puis à Erfurt en 1873 où elle s'est fixée chez Haage et Schmidt. Nous sommes loin du *Senecio cruenta* exhibé en 1809, au Frascati de Gand !

Les Crassules, Cotyles et Stapélies, de l'Afrique centrale, adoptés dans les rocailles ou sur les balcons;

Le Cyclamen de Perse, si coquet lorsqu'il est emmoussé dans une garniture d'appartement ou perdu sur une pelouse ;

L'Epiphyllum de l'Amérique du Sud, qui vient, par ses écailles pétaloïdes, égayer la figure rébarbative des Cactées sur lesquelles on le greffe.

Le Fuchsia, cueilli sous les ombrages des forêts mexicaines ou chiliennes et sur les plateaux péruviens. Voilà une plante fortement travaillée par nos fleuristes; le calice sanguin a modifié sa nuance, et la corolle, son ampleur. La fleur double se montre chez Bruneau à Paris, en 1847; l'anglais Henderson, le belge Cornelissen, les français Lemoine, Crousse, Boucharlat, la fécondent et réussissent. Un moment négligée, la plante favorite de Félix Porcher revient à la mode. Il faut dire que les importations, de 1821 à 1852, d'espèces inédites trouvées au Vénézuéla, à la Nouvelle-Grenade, à l'Ecuador, à la Guyane, ont rallumé le feu sacré des initiés à l'importation du franciscain Plumier ;

L'Héliotrope aux bouquets parfumés, emprunté au pays des Incas — qui nous a déjà donné le Soleil tournesol —, par Joseph de Jussieu, retenu prisonnier vers 1770. D'autres variétés d'Héliotropes sont arrivées cinquante ans après ;

L'Hibiscus, un présent des États-Unis, de l'Australie, de la Réunion et de Madagascar; la Ville de Paris tire un brillant parti de la plante en fleurs pour le décor des salles de fête ;

Le Lantana, broussaille arrachée aux haciendas mexicaines, qui sait se dresser sur tige ou se prélasser aux expositions chaudes ;

Le Libonia brésilien, fruticule multiflore s'épanouissant sur le rivage d'azur qui s'étend de Fréjus à Menton, au milieu des non moins arbuscules Eupatoire et Cuphea mexicains,

Nierembergia chilien, Pimelea australien, Phygelius du Cap, et avec le floribond Chrysanthème *Étoile d'or*, si apprécié dans l'exportation florale. Ce commerce des fleurs en Pro-

Pelargonium zonale, du Cap de Bonne-Espérance.

vence ne se borne plus à l'Oranger, à la Rose, à l'Œillet, au Mimosa, au Camellia, à la Violette, à la Giroflée, au Jasmin... Le Narcisse, la Renoncule, l'Anémone, la Scille, le Freesia, la Jonquille, l'Ail, l'Ixia, la Jacinthe, le Réséda, la Gentiane, etc., sont compris dans la vente annuelle estimée quatre millions de francs de fleurs coupées, sans compter l'approvisionnement sur place des distilleries et des parfumeries ;

Le Lobelia, gracieux et bien varié, appartenant aux Indes, à la Virginie, au Mexique et à la Nouvelle-Hollande. Le minuscule Lobelia erinus, né au Cap, a son emploi en fine bordure et dans la mosaïculture florale ;

L'Œillet, connu depuis longtemps, colligé par Tripet, Duval, Barbot, Ragonot, baron Ponsort, Friès-Morel, Tougard, Desaubry, Gauthier, Dubos, obtint, il y a 50 ans, un regain de popularité. Dans la région lyonnaise, l'hybridation des types flamand, bichon et de Mahon, pratiquée par le jardinier Dalmais, continuée par Schmitt, le rendit remontant et, en 1850, Alégatière le perfectionnait encore en fixant la race naine et en créant la race ou tribu, dite « à tige de fer » ;

Le Pélargonium, une perle du Cap de Bonne-Espérance. Le croisement du *zonale* du Cap, avec l'*inquinans* de Sainte-Hélène, a été le point de départ, croit-on, de ce genre éblouissant qui orne nos parterres tout l'été. La fleur double et le feuillage panaché sont classés à part. Quoique charmant, le Pélargonium grandiflore ou de fantaisie, apporté du Cap vers 1794, paraît subir un moment d'arrêt depuis le type à cinq macules gagné par Duval, en 1848, et les fleurs doubles, ondulées, érigées ou striées. Le Pélargonium zonale semi-double existait dans quelques jardins du Puy-de-Dôme lorsqu'en 1865, Victor Lemoine de Nancy féconda l'un d'eux, *Triomphe de Gergovia*, avec *Beauté de Suresnes* et en obtint la corolle double *Gloire de Nancy*. La pollinisation artificielle continue son œuvre, et les fleurs doubles abondent. La race à feuille panachée céruse, crème ou groseille, est de source anglaise. Quant au Pelargonium peltatum, la seconde rangée de pétales trouvée à Breslau, il y a quinze ans, est venue se compléter en France, chez Lemoine, 1877, et chez ses collègues nancéiens ;

Le Pétunia (Brésil et Plata), recherché pour la garniture des massifs et des bordures agrestes, bigarré dans son limbe, a doublé dans ses entournures, dès 1852, chez le concierge de la Banque de France, à Lyon, ensuite dans le jardin de Pelé à Paris, de Dumeta à Lyon ; enfin nous le trouvons archi-doublé d'étamines pétaloïdes, sous le pinceau fécondateur de Boucharlat à Lyon, de Rendatler à Nancy, de Tabar à Sarcelles ;

Le Plumbago frais et bleu, cadeau précieux de l'Inde et du Cap, pays originaires encore, celui-là, du ravissant Hoya, celui-ci, du Streptocarpus, que Lemoine fécondait en 1859.

Du Mexique au Canada, sont arrivées les diverses espèces de Pentstemons. Plus au Sud, le Salvia émerge des régions montagneuses et humides de l'Amérique centrale.

Ces contrées nous fournissent encore l'Abutilon strié (1837),

Petunia du Brésil ; type à fleur double, à pétales frangés ; de France.

aux clochettes réticulées de fauve, alors qu'une Malvacée voisine, également bonne à l'orangerie, le Sparmannia nous vient du Cap (1790).

Parcourant ainsi les steppes sans fin, le bord des fleuves et les escarpements plus ou moins inaccessibles du Mexique au Paraguay, nous rencontrons dans son aire de dispersion la Verveine, avec ses rameaux fluets couronnés de fleurettes en ombelle, grenat, garance, cerise, améthyste, prune, incarnat ou neige. La fleur striée, dite italienne, date de 1862.

Une promenade géographique, un ordre chronologique seraient peut-être plus agréables à suivre, mais je crains que l'enseignement à tirer de cette conférence en soit affaibli. Continuons donc la méthode du groupement sans nous apitoyer sur le sort des variétés disparues. Ah! pour celui qui a vécu de la vie horticole depuis soixante ans, quelle hécatombe de célébrités éphémères! Combien le four crématoire des catalogues en a jeté au vent!

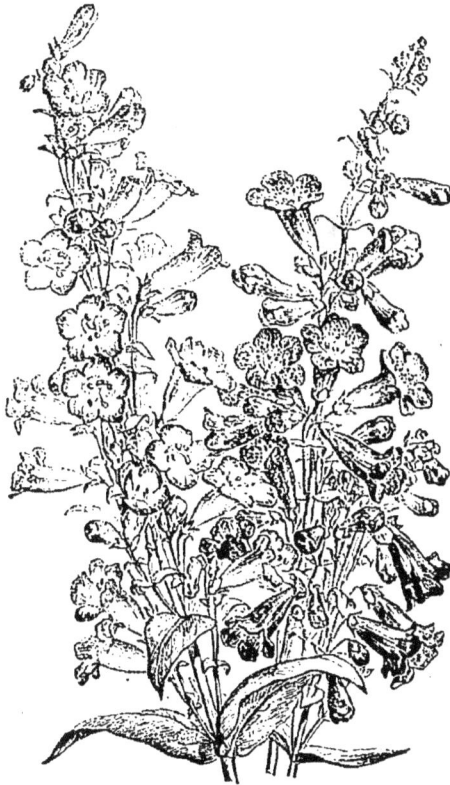

Pentstemon hybride, à grande fleur; du Mexique.

Si nous abordons la légion infinie des plantes annuelles, bisannuelles ou vivaces, quels trésors l'importation nous réserve, et quels imprévus vont provoquer la sélection graduée, le hasard, le croisement volontaire ou accidentel!

Pendant que les fleuristes amélioraient ou « poussaient » à l'extrême nos propres ressources : l'Ancolie, l'Aster, le Coquelicot, la Centaurée, la Dauphinelle, la Digitale, la Gesse, la Giroflée, l'Hellébore, la Linaire, le Lupin, la Lychnide, le Muflier, le Myosotis, le Pavot, le Réséda, la Saponaire, la Scabieuse, la Silène, le Souci, le Thlaspi, la Valériane, la Véronique, des étrangères prenaient droit de cité.

Chrysanthème de la Chine et du Japon. — Inflorescence du premier plant apporté en France, 1789, par Blancard, et envoyé par Cels, à Kew, vers 1795.

D'autres espèces déjà importées, mais confinées dans un jardin d'études ou chez quelque collectionneur égoïste, se modifiaient d'une façon inattendue et prenaient aussitôt leur envolée dans le monde horticole ; cette émancipation, qui remonte à la fin du siècle, nous engage à les placer au niveau des nouveautés de l'époque.

L'Amarante et la Célosie arrivaient des Indes et du Népaul;

La Balsamine était de l'Inde, qui nous a donné depuis le type *glanduligère*, haut de 2 mètres ; plus modeste de taille, *Sultan* est de Zanzibar. Vers 1840, la maison Vilmorin fixe la Balsamine *camellia*, du jardinier Boizot.

Les Campanules qui nous sont venues d'un peu partout, épanouissant franchement leurs clochettes mignonnes ou leurs petites coupes argentées, le plus souvent nuancées bleu-faïence, bleu-marine, azur, saphir, nacre, lilas, mauve ou pervenche, gris, turquoise ou indigo.

La Capucine naine ou grimpante, des Andes mexicaines Centre ou Sud, avec ses corolles éperonnées, brillantes de coloris feu, écarlate vermillonné, aurore, souci mordoré, bronzé ou orangé.

Le Chrysanthème de la Chine et du Japon apporté à Marseille, il y a aujourd'hui cent ans, par Pierre Blancard. De nouvelles importations provoquèrent la fécondation des fleurons, le climat méridional où la plante était cantonnée favorisant la maturation de l'ovaire ; de là cette multiplicité de formes, de dimensions, de teintes dans l'inflorescence, plateau tubuliflore, rayons et ligules ! Les peintres de fleurs se sont inspirés de ses tons « modernes », vieil or, vieux rose, havane, caroubier, loutre, chaudron... j'en passe ! Des sociétés et des journaux exaltant les louanges de la « fleur d'or » en ont exhibé les charmes au public. Rappelons-nous son rôle philanthropique à nos premières expositions internationales de Chrysanthèmes (Troyes, 1886 ; Roubaix, 1888). N'est-ce pas, d'ailleurs, un peu l'idole du jour ?

Nos semeurs d'autrefois : Audibert, de Tarascon ; Regnier, d'Avignon ; Bernet, Pertuzès, Bonamy, Barthère, Ferrière, de Toulouse ; Rantonnet, d'Hyères ; Boucharlat, de Lyon ; Lebois, de Livry ; Pelé, de Paris, avaient-ils rêvé un pareil succès ? Ajoutons que la race pompon s'est constituée en 1846 avec les trouvailles de Robert Fortune, alors qu'il parcourait la Chine pour y étudier la culture du Thé. Son second voyage, de 1860 à 1862, nous valut la tribu japonaise avec ses ligules capillaires, striées ou ondulées.

Centenaire aussi, l'arrivée du Dahlia. Du jardin botanique de Mexico, en 1789, il fait son entrée au jardin de Madrid, dirigé par l'abbé Cavanilles. En 1802, le docteur Thibaud,

Comte Lelieur (Jean-Baptiste-Louis, 1765-1849), administrateur des Parcs, Pépinières et Jardins de la Couronne, auteur de *La Pomone française*, de *la Culture du Rosier*, de Mémoires sur *le Dahlia et sa culture*, sur le Maïs, la Pomme de terre, les maladies des végétaux, etc.

botaniste de notre ambassade en Espagne, l'envoie à titre de plante alimentaire au Muséum, qui le recevait en même temps de Humboldt (1) et de Bonpland en tournée dans les Llanos mexicains. André Thouin devine l'avenir floral de la plante et en commence le semis ; Cels et Noisette l'imitent. Quelques

(1) Par son influence auprès de l'armée ennemie, Alexandre de Humboldt put faire préserver notre Muséum des conséquences de la guerre de 1814. Pareille immunité ne fut pas accordée à notre Établissement scientifique lors de la seconde invasion, car dès la nuit du 8 au 9 janvier 1871, les projectiles allemands ont été lancés sur le Jardin des Plantes (87 obus en 18 jours) et sur le Jardin du Luxembourg, malgré les protestations du monde savant…!

années plus tard, le capitule roulait ses ligules en cornet et prenait sa plénitude avec Lelieur et Souchet à Sèvres, et chez Laffay et Ternaux à Auteuil. Aujourd'hui, quelle richesse dans la fleur, dans sa forme, son ampleur, sa tenue, quelle surprise dans les coloris ! A part la nuance céleste (1), toute la palette du peintre est représentée. Imitons les maîtres : les deux Souchet, Soutif, Chéreau, Miellez, Salter, Chauvière, Quétier, Uterhart, Laloi, Jacquin, Guénot, Dufoy, et méfions-nous du Dahlia simple, à moins qu'il n'ait les qualités développées par les Dahlias gracilis et imperialis, chez Huber à Hyères, dès 1862. L'infatigable explorateur Benedict Roezl (1824-1885) les avait recueillis au Mexique. Depuis 1872, nous possédons le Dahlia Juarez ou Dahlia Cactus, souche de variétés aux fleurs originales.

De la Chine et du Japon, l'élégant Dielytra, aux grappes longues et arquées, fraîches et roses, le sombre Perilla, le charmant Hoteia dont les panicules blanches, fines, dressées, sont précieuses aux fervents du culte de Marie.

Les Immortelles, toute une réunion d'espèces disparates : Acroclinium, Gnaphale, Gomphrène, Hélichryse, Rhodanthe, Xeranthemum, composant le symbole de l'immortalité, par leurs bractéoles scarieuses. L'industrie des bouquets et des couronnes de fleurs, où président le bon goût et la grâce féminine, a nécessité la recherche de « fleurs à couper ». Des villages de la Provence vivent de l'exploitation des plantes bulbeuses, des plantes à parfum, etc. ; d'autres ont l'Immortelle jaune, d'Orient. Citons les communes de Bandol et d'Ollioules qui se sont distinguées aux funérailles de Léon Gambetta,— créateur du Ministère de l'Agriculture, — célébrées le 6 janvier 1883, la grande « journée des fleurs ».

L'Ipomée, des Deux - Mondes, liane délicate, légère et floribonde.

L'Œillet de Chine, aux tons cramoisis ou veloutés, propre aux bordures, comme le Tagète dit « Œillet d'Inde ».

La Pensée des jardins qui, depuis 1810, a élargi son masque au-delà d'un écu de six livres, en le fardant avec goût.

Le Phlox de Drummond, plante du Texas, toujours fleuri

(1) La recherche de la couleur du « Bluet » chez le Dahlia a été un engouement tel que, en 1846, alors que la famine fauchait le peuple irlandais, la Société d'Horticulture de Dublin proposait un prix de 50,000 francs à l'auteur du Dahlia bleu !

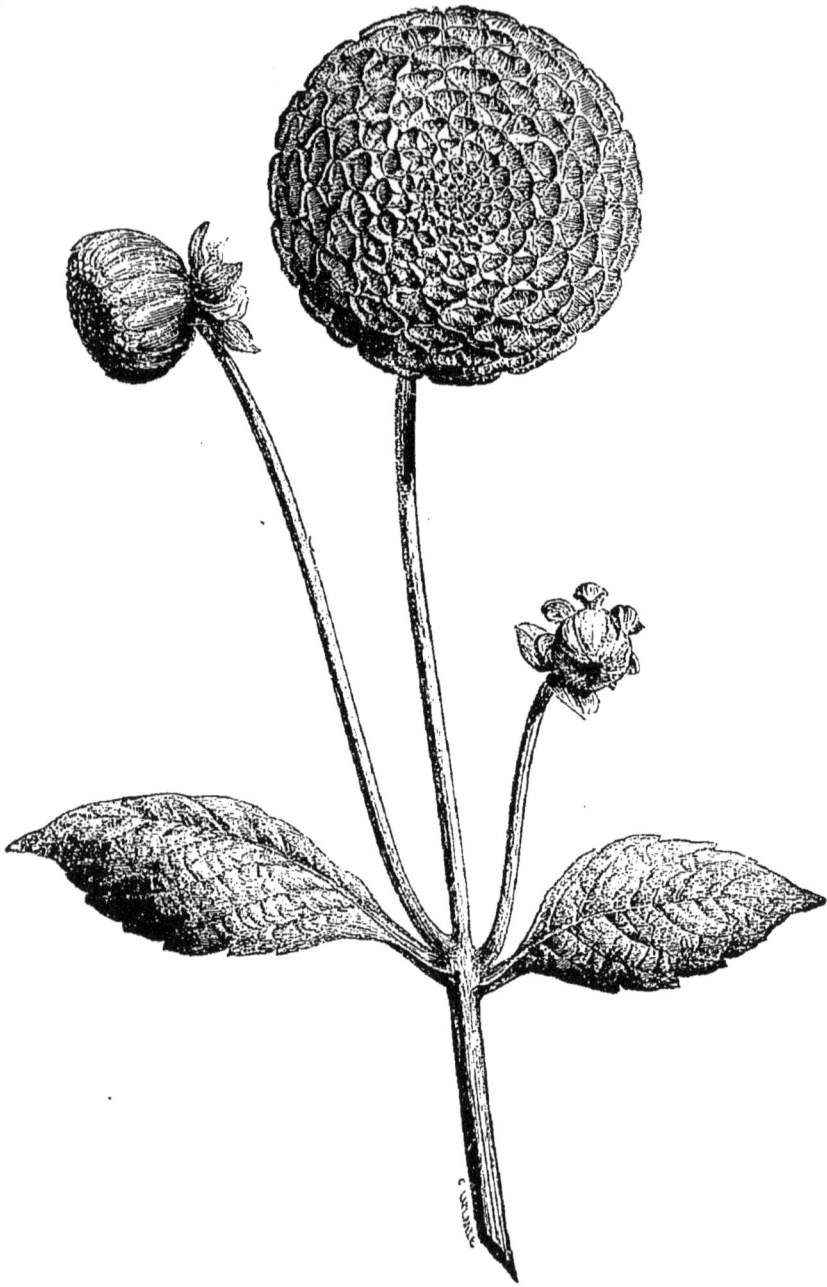

Dahlia des jardins (*Dahlia variabilis*), du Mexique; plante à fleur double, de France.

de corolles simples, doubles ou étoilées, bien distinct de son
aîné, le Phlox vivace, pyramidal ou acuminé, des États-Unis.

La richissime Pivoine, indigène ou exotique, si bien variée.

La Potentille doublant sa corolle, de 1852 à 1859, dans les
jardins de Mauvier et de Lemoine.

La Pyrèthre rose du Caucase, qui a modifié sa livrée et
pris de l'embonpoint, depuis quarante ans, chez Beddinghaus,
Simon Louis, Lemoine, Vilmorin.

Comte Léonce de Lambertye (1810-1877), Président fondateur de la Société
d'horticulture et de viticulture d'Épernay, auteur de *Conseils* sur la culture
des fleurs, des légumes, des arbres fruitiers, des primeurs et de divers ouvrages : *Le Fraisier, Les Plantes vasculaires de la Marne, Les Plantes à
feuilles ornementales, La Culture forcée par le thermosyphon*, etc.

Les Pourpiers de l'Amérique Sud, s'épanouissant en plein
soleil, manifestant leur duplicature en 1852, chez Lemoine.

De charmantes races d'appartement, la Primevère de
Chine propagée par Soulange-Bodin, dès 1822, et depuis, le
Primula cortusoïdes de Sibérie, plus rustique que l'espèce
japonaise aux hampes verticillées. De 1838 à 1850, nous avons
la fleur double, la fleur striée et la feuille frangée.

La Reine-Marguerite de la Chine. Qu'il est loin de nous le
disque floral de 1750, si humble lors de son entrée en
France ! Quelle évolution complète avec Vilmorin, Jacquin,
Bossin, Truffaut, Fontaine, René Lotin, Malingre ! Nous

avons créé des races naines ou élevées, à fleurs imbriquées, couronnées, récurvées ou tuyautées, se reproduisant par le semis des graines.

Zinnia élégant, du Mexique ; type à fleur double, de France.

La Rose trémière, *Althœa rosea*, de Syrie, décor distingué de nos parcs, quand un repoussoir de verdure le fait valoir.

La modeste Violette, qui est devenue, à l'air libre ou sous verre, l'objet d'un commerce considérable en toute saison.

Le Zinnia du Mexique. Ici encore, l'arrivée d'un plant à fleur pleine, de Tarascon ou de Moulins, vers 1854, a révolutionné cette Composée rustique et florifère, déjà connue en 1789. En ce moment, l'élaboration est à la recherche de races touffues ou élancées, aux capitules bien francs dans leurs nuances unicolores ou panachées.

Arrêtons là nos citations, bien que nous ayons négligé de beaux genres, tels que Clarkia, Collinsia, Énothère, Gaura, Gilia, Godetia, Leptosiphon, Salpiglossis, Schizanthus, d'origine américaine, comme le Coréopsis et la Gaillarde. En parcourant les galeries réservées aux lots fleuris et renouvelés à chaque concours, on est émerveillé de la richesse et du nombre d'espèces vivaces ou annuelles présentées au public.

Ces mêmes exhibitions n'ont-elles pas été la réhabilitation des plantes bulbeuses, d'autant mieux que la tige florale détachée de la souche peut continuer, — le pied dans l'eau, — à parcourir les phases successives de son épanouissement.

Depuis les Iris de Lémon, de Jacques, de Modeste Guérin, de Victor Verdier, depuis les Tulipes (1) et les Jacinthes de Tripet et Leblanc, de Pirolle, de Roussel, cent ans après les Anémones et les Renoncules qui ont fait les délices de nos pères, au temps de la splendeur des Primevères et des Auricules, voici des débutantes qui, d'un bond, s'élèvent au rang d'étoiles.

Ces ravissantes Amaryllis américaines, africaines ou asiatiques, et le Clivia de Port-Natal, flammé d'orange ou de minium, la parure naturelle de l'appartement ou de la serre.

Tous ces Balisiers de l'Amérique australe démontrant en cette saison qu'une plante à beau feuillage peut devenir ou rester une plante à floraison brillante, ou tout simplement agréable. Le métissage du Canna, commencé en 1846 par l'amateur Année, qui avait étudié ce beau genre au Chili, fut continué par Chaté, par Rantonnet, par Crozy, par le personnel de la Muette, à la Ville de Paris, et antérieurement par Lierval. Ce dernier n'a pu survivre à ses plantes mortes de froid pendant la guerre, faute de charbon...

Le Freesia, l'ancien Gladiolus refractus du Jardin des

---

(1) Les Flandres étaient encore le foyer de la « Tulipomanie » lorsque des jardiniers, des amateurs et des botanistes fondèrent à Lille, le 16 août 1828, la Société d'horticulture du département du Nord. La première exposition publique eut lieu le 1er mai 1829, à Lille, avant Nantes et avant Paris.

Plantes (1812), qui a tenté le pinceau artistique de Redouté. Plante à bouquet blanc, le Freesia a été accaparé par la culture forcée, comme la Jacinthe romaine, le Glaïeul de Colville, et le coquet emblème de la jeunesse, le Muguet, qui pro-

Balisier de l'Inde (*Canna indica*) ; type « florifère », obtenu en France.

duit sous verre et par an, pour 500,000 francs de fleurs, dans la seule banlieue de Paris (1).

(1) La région parisienne a 3,000 serres et bâches exploitées par 500 cultivateurs qui approvisionnent de fleurs le marché de Paris ; la Provence maritime augmente l'étendue de ses cultures vitrées et alimente les fleuristes de l'Europe. Les producteurs de ces deux centres importants n'ont pas à redouter, comme nos primeuristes, la concurrence des antipodes et de l'hémisphère austral qui commencent à expédier dans nos parages, par navires réfrigérants, leurs fruits

(Suite de la note p. 124.)

Glaïeuls à macules (*Gladiolus Lemoinei*), obtenus par Victor Lemoine, à Nancy.

Glaïeuls à grandes fleurs (*Gladiolus nanceianus*), obtenus par Victor Lemoine, à Nancy.

Ces Glaïeuls nés d'hier et qui, par le labeur patient du semeur, à Gand d'abord, à Fontainebleau ensuite, puis à Nancy, ont grandi leur périanthe et centuplé les touches fines et délicates, les tons vifs, satinés ou nuagés des pétales. Après le Gladiolus gandavensis si coquet, après le Gladiolus nanceianus si étonnant, quelles surprises nous ménagez-vous, victorieux chercheurs ?

En deux mots, voici l'état-civil de la famille.

Le Glaïeul de Gand, obtenu en 1837 par Beddinghaus, résulte de la fécondation des Gladiolus *psittacinus* (Java, 1823), par les *Gl. floribondus* et *cardinalis* (Cap, 1789). Quelques années plus tard, Souchet, à Fontainebleau, croisait les nouveaux venus avec les Gladiolus *blandus* et *ramosus*. Enfin, dès 1875, les derniers gains croisés avec le Gladiolus *purpureo auratus* (Natal, 1870), — et le produit étant fécondé avec le Gladiolus *Saundersii*, de la même origine, — commencèrent cette série hybride, à fleurs démesurées et à coloris resplendissant qui sera une des gloires de Victor Lemoine, l'heureux auteur de ces combinaisons successives.

Ces Lis exotiques, à corolle tubulée ou évasée, au fin coloris rehaussé de bandes dorées ou bronzées, de mouchetures ponceau, de reflets chamois, maïs ou cinabre, croissant à indiscrétion sur les montagnes japonaises, chinoises, himalayennes, caucasiennes, ou étalant leurs grâces sous les ombrages de l'Amérique boréale, sont venus lutter avec nos enfants des Pyrénées, des Alpes, du Jura ; mais les filles du Ciel, fraîchement débarquées, qui ont étonné les visiteurs du Trocadéro, ne feront cependant pas oublier l'arrivée du Lilium speciosum ou lancifolium, vers 1850, par von Siebold, médecin de l'ambassade hollandaise au Japon, ni celle du Lilium auratum, envoyé de Tokio dix ans plus tard, par l'explorateur anglais John Gould Veitch, et s'épanouissant crânement, en 1850, à Ivry-sur-Seine, chez le rosiériste Charles Verdier.

---

et leurs légumes récoltés en saison normale, alors que les nôtres sont *finis* ou sont encore à l'état rudimentaire.

L'Exposition universelle en a été la première manifestation. La Cl. 81 a reçu des poires et des pommes cueillies le 16 mars 1889 en Australie, emballées le 25 et embarquées le 29 du même mois, enfin installées au Trocadéro le 15 mai.

Depuis, la Nouvelle-Zélande et le Cap ont envoyé en Angleterre et en France des raisins, des pêches, des brugnons, des abricots récoltés en décembre, époque correspondant là-bas à notre mois de juillet.

Le Montbretia, Iridée du Cap ; depuis cinq ans, une main exercée à la pollinisation le marie avec le Crocosmia, donnant ainsi raison à la théorie de la fécondation et de l'hybridation exposée par Adolphe Brongniart (1801-1876), Edouard

Lilium speciosum (*Lilium lancifolium*), du Japon.

Delaire (1810-1857), Henri Lecoq (1802-1871), et par Charles Naudin et Bernard Verlot, toujours sur la brèche.

Le Tritoma, cette Liliacée du Cap, éclatante et originale dans son expansion florale, corail et citron.

Et le Phormium, textile néo-zélandais, et l'Aspidistra de

Chine, docile à la température variable des appartements, et le vieux Yucca (1), cette pittoresque et arborescente Liliacée de pleine terre, de serre ou d'orangerie, extirpée, non sans peine, des ravins ou des rochers de l'Amérique septentrionale, ses quartiers d'élection.

Morelle robuste (*Solanum robustum*), du Brésil.

Nous comprenons l'extase de nos ancêtres devant la coupe d'une Tulipe ou la facture d'une Renoncule ; mais s'ils eus-

---

(1) Le Yucca a conservé son nom caraïbe, comme l'Akebia, l'Aralia, l'Aucuba, le Catalpa, le Ginkgo ont gardé leur dénomination « indigène ». D'autres végétaux rappellent un botaniste : Bouvard, Buddle, Clark, Collins, Dahl, Deutz, Forsyth, Fuchs, Kœlreuter, Lavater, Leschenault, Lindley, Linné, Lippi, Lobel, Magnol, Martyn, Morin, Tournefort, Zinn, etc.

sent connu nos conquêtes dans le monde des fleurs, se se-
raient-ils ruinés pour un bulbe de *Mariage de ma fille* et
Méhul se fût-il écrié, dans un accès de lyrisme, qu'un champ
de Renoncules était comparable aux mélodies de Gluck et de
Mozart ?

La vogue continue aux plantes à feuillage ornemental, vert
ou coloré. Bananier, Datura, Montagnea, Nicotiana, Per-
sicaire, Rhubarbe, Ricin, Senecio, Solanum, Wigandia, etc.,
à grand développement, sont distribués sur les pelouses de
gazon, tandis que les Alternantheras, les Coleus (le Plec-
tranthus, de Ryfkogel), les Achyranthes, nuancés de rubis,
de pourpre et d'amarante se massent en corbeilles ou entrent
dans les combinaisons fantaisistes de la « mosaïculture »,
avec les Sedum et les Sempervivum ; ces combinaisons ont
leur raison d'être quand elles sont raisonnées sur le dogme
de l'affinité et du contraste simultané des couleurs complé-
mentaires, professé par Chevreul (1786-1888), de l'Institut.

Trop longtemps négligées, les plantes aquatiques travail-
lées par Denis Hélye, Armand Gontier, Latour-Marliac,
réapparaissent sur nos eaux et peuplent nos rivages, et les
miniatures alpestres, réhabilitées par Jean-Baptiste Verlot,
par Correvon, s'implantent dans les rocailles à toute alti-
tude. Parmi les premières, nous retrouvons au pavillon du
Brésil la Victoria regia, cette Nymphéacée gigantesque qui
excitait, il y a quarante-cinq ans, l'admiration de Bonpland
et d'Orbigny, explorant un affluent de l'Amazone ; son installation fut l'objet d'une construction spéciale au Muséum, et
chez Louis Van Houtte (1810-1876), de Gand, véritable Français par le cœur, né au lendemain de l'exposition de Frascati.

Il n'est pas jusqu'aux Graminées, au Gynerium, l'herbe
des Pampas de Buenos-Ayres, au Gymnotrix de Montevideo,
à l'Eulalia du Japon, au Maïs japonais rubané blanc de lait,
qui ne viennent, pendant la période centenaire, apporter
leur note légère et vaporeuse dans le concert perpétuel de la
symphonie des fleurs (1).

(1) Les panicules et les épis des Graminées entrent dans la composition des
bouquets d'hiver, des garnitures d'appartement et de la toilette féminine ; souvent, on les combine avec des inflorescences d'Echinops, de Statice, de Célosie,
d'Amarantoïde, d'Immortelle, Rhodanthe et similaires ; avec des fruits de Houx,
de Mollé, d'Iris, de Fragon, des silicules de Lunaire ; avec certaines graines
végétales et des feuillages verts ou colorés qui conservent facilement leur
fraîcheur.

Victoria regia, Nymphéacée de l'Amérique équatoriale et du Brésil.

Nous sommes arrivés au but. Notre promenade à travers les deux hémisphères ne démontre-t-elle pas que les plus jolies filles de la terre — les Fleurs — sont venues développer encore leurs charmes et faire consacrer leurs grâces ou leurs parfums dans notre patrie hospitalière où l'esthétique florale, où l'amour du Beau sont élevés à la hauteur d'un culte ?

Gynerium argenteum, de Buenos-Ayres, au Parc Monceau, à Paris.

VI. — ARCHITECTURE DES JARDINS.

Avant de clore cette course longue et rapide, nous rendrons hommage à l'architecture des jardins qui a su tirer un brillant parti des précieuses et importantes découvertes de l'homme sur toute la surface du globe. Par la science et le talent de ses maîtres, l'horticulture décorative n'a-t-elle pas

Pierre Barillet–Deschamps (1824–1873), architecte de jardins,
créateur ou restaurateur de parcs et de jardins célèbres en France et à l'étranger
où il a su introduire les plantes indigènes ou exotiques, même tropicales.

encouragé les chercheurs, n'a-t-elle pas excité le zèle et l'abnégation des explorateurs en faisant valoir encore leurs trouvailles dans la composition des parcs et des jardins ?

Le génie horticole (on dit bien le génie militaire, le génie civil, le génie rural) a donc préparé la voie de progrès dans laquelle il est entré lui-même, bravement, toutes voiles

Lac du Bois-de-Boulogne. — Bois domanial cédé, en 1852, à la ville de Paris; restauration commencée en 1853, par Varé.

déployées ; mais ici, il ne s'agit plus d'une simple retouche
aux traditions séculaires, il fallait une révolution complète.
Elle ne se fit pas attendre et sut conserver à l'art des jardins
son prestige et son autorité.

Au style majestueux et correct de Le Nôtre (1613-1700), le
protégé de Colbert, anobli par Louis XIV, à son œuvre magis-
trale avait succédé le parc paysager avec ses lignes idéales,
ses méandres gracieux, ses vallonnements habilement mou-
vementés, ses riantes perspectives ou ses allures pittoresques,
avec ses audaces même d'imagination, toujours heureuses si
elles se rapprochent des beautés, des splendeurs ou des
harmonies de la nature.

L'initiative d'un favori de Louis XV, petit-fils de la belle
jardinière d'Anet, — bienaimée du roi « vert galant » —
de Charles Dufresny (1648-1724), qui appliquait ses théories
agrestes à Vincennes, encouragea, sans doute, les débuts du
marquis René-Louis de Girardin (1735-1808), au parc d'Er-
menonville, le futur ermitage de « l'amant de la nature »,
célébré par le « chantre des jardins ». Quoique dépassées plus
tard à Bagatelle, à Monceaux, à Méréville, à Sceaux, à Mor-
tefontaine, à Vaux, à Chantilly, à Fromont, à Épinal, ces
prémices n'en furent pas moins les jalons de la voie nouvelle.

A travers notre époque mouvementée, il y eut quelques
velléités de décadence vers la mièvrerie ou de laisser-aller
au rococo ; cependant la mise au point définitive du « Beau
dans l'espace » fut ajournée à la paix du monde. A ce moment de calme, en effet, la rénovation qui devait illustrer
les Gabriel Thouin, les Morel, les Varé, les Barillet-Deschamps, les Bühler se dessine et prend son essor. La renom-
mée proclame nos artistes et les appelle hors frontière,
auprès de grands personnages ou d'administrations publiques.
Leur triomphe au concours international de Sefton Park à
Liverpool, en 1867 (1), et vingt ans après, au concours du
parc de la Liberté à Lisbonne (2), n'est-il pas la preuve éclatante de la supériorité des jardiniers français et de la considération qui les entoure ?

(1) Premier prix : M. Édouard André, ingénieur paysagiste.
(2) Premier prix : M. Henri Lusseau, ingénieur paysagiste ;
    Deuxième prix : M. Henri Duchêne, ingénieur paysagiste ;
    Troisième prix : M. Eugène Deny, ingénieur paysagiste ;
Mentions honorables : MM. Francisque Morel et Jean-Pierre Durand. — *Id.*

Cascade au Bois-de-Vincennes. — Parc cédé par la Liste civile à la ville de Paris, en 1860 ; restauré de 1858 à 1866.

Il faut reconnaître que l'École paysagiste, plus conforme
à l'esprit libéral du siècle, dégagée des tendances roman-

Jean-Charles-Adolphe Alphand (1817-1891), membre de l'Institut, directeur des
travaux de la ville de Paris, auteur des *Promenades de Paris*, de l'*Arboretum
et fleuriste de la ville de Paris*, de l'*Art des jardins*, grand'croix de la Légion
d'honneur. — (Gravure de l'*Illustration* ; n° du 12 décembre 1891.)

tiques ou pastorales déjà citées de la période transitoire, a
compté de solides appuis parmi ses adeptes ; par exemple,

Les falaises des Buttes-Chaumont, à Paris. — Parc créé de 1864 à 1867, sous la direction de M. Alphand.

des peintres en renom, tels que Joseph Vernet et Hubert Robert, auteurs de parcs où les scènes rurales et sylvaines ne sont pas oubliées ; de célèbres botanistes, les Claude Bernard, les Richard, les de Jussieu, adversaires du froid boulingrin, de la charmille compassée ou du parterre à broderies ; et des horticulteurs académiciens : Cels, Bosc, Thouin, sachant approprier les importations végétales aux compositions florales ou arbustives, et en décorer les pelouses et les collines, les rochers et les eaux du genre moderne.

On a pu dire avec raison que la déchéance de la symétrie et l'avènement du paysage répondaient mieux à l'aisance d'un pays qui a conquis l'égalité civile. L'abolition des privilèges et la suppression du droit d'ainesse ont multiplié les héritages et favorisé le morcellement de la propriété. Le bon goût aidant, chacun voulut faire à sa demeure les honneurs du jardinage de profit, d'étude ou de plaisance. Aussi, bien avant le jardin fruitier, le parc paysager étendu ou restreint, a-t-il pris un caractère national ou populaire ; il s'est installé avec le même à-propos au château somptueux, à la maison bourgeoise, à la villa éphémère, — jusque sur la place publique où les citadins viennent respirer à pleins poumons.

Stimulées par l'exemple de la ville de Paris qui, depuis 1853, a dépensé quarante millions pour donner l'hygiène et le bien-être à ses habitants au moyen de plantations habilement combinées et disséminées, exemple suivi bientôt à Lyon, — où le Parc de la Tête-d'Or, admirablement réussi par Bühler ainé, fait oublier désormais cent hectares de friches marécageuses, — des villes importantes, Marseille, Bordeaux, Nantes, Lille, Angers, Rouen, Caen, Amiens, Tours, Rennes, Nîmes, Avignon, Toulouse, Nice, Dijon, Troyes, Reims, Châlons, Metz, Strasbourg, Mulhouse..., nos cités principales, enfin, et de modestes bourgades ont fait surgir des oasis de verdure et de fleurs en plein macadam de la voirie urbaine.

D'ailleurs, ne sommes-nous pas, en ce moment, au faîte de l'art ? Les jardins du Trocadéro, où l'Horticulture tient ses grandes assises, ont été créés par la main puissante qui a métamorphosé la capitale. Décor du parc Monceau « distribué avec une exquise élégance », placé au premier rang dans le *Rapport général de l'Exposition universelle*

PLAN DU JARDIN D'ACCLIMATATION.

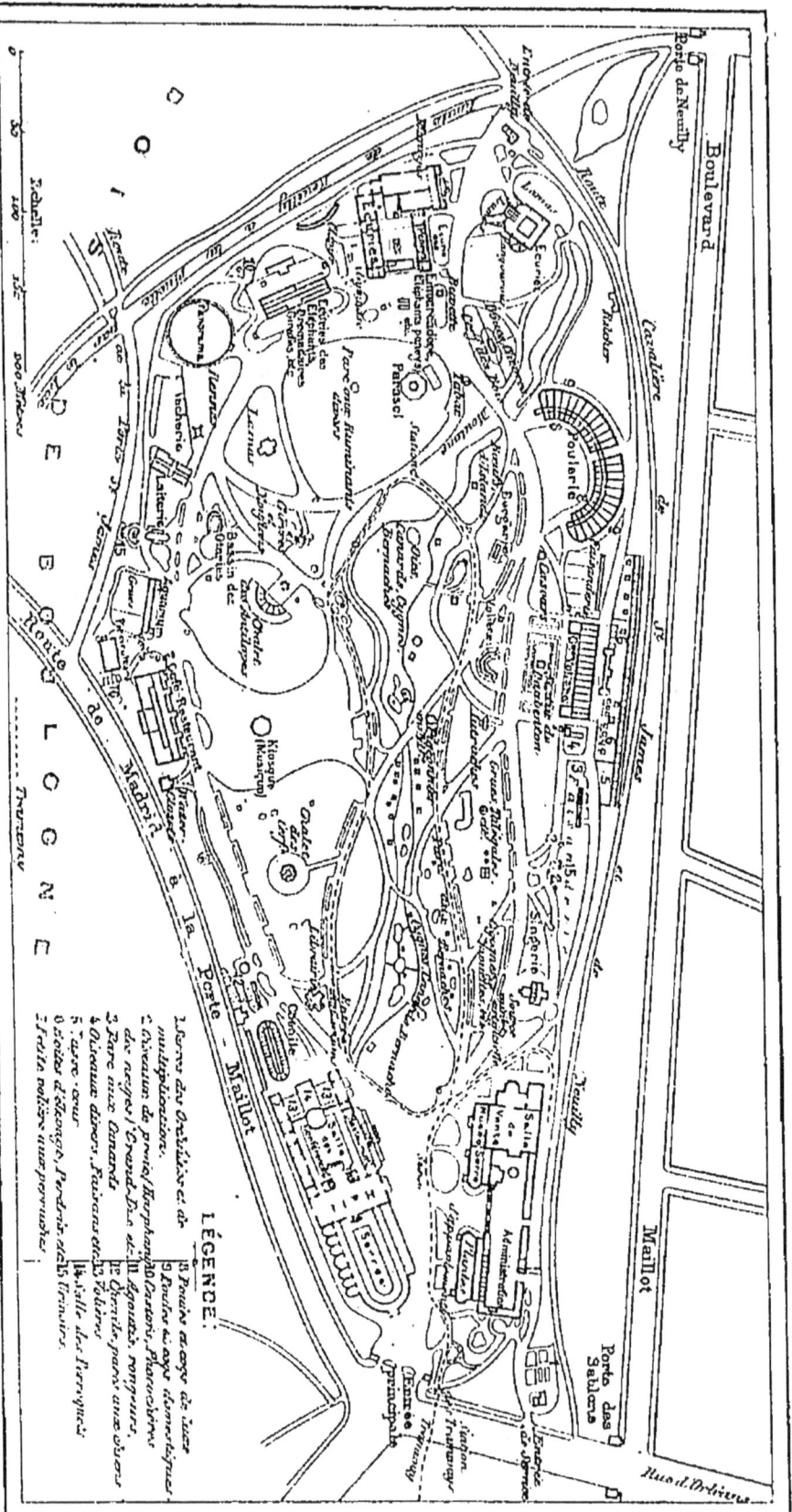

Le Jardin d'Acclimatation, dessiné par Barillet-Deschamps, dans le Bois-de-Boulogne, à Paris, sous les auspices de la Société d'Acclimatation de France.

internationale de 1889, par l'honorable M. Alfred Picard ; ornementation des Champs-Élysées, des squares et plantation des boulevards avec les pépinières municipales de la Muette ou d'Auteuil ; transformation du Bois-de-Boulogne et du Bois-de-Vincennes ; enfin, dix années avant le Parc de Montsouris, sur la rive gauche, de 1864 à 1867, un coup de baguette magique fit sortir des bas-fonds de Belleville le parc des Buttes-Chaumont, modèle unique de grandeur étrange, de sauvagerie aimable, de luxe fantastique dans les détails ; nous ajouterons même que, dans ce quartier populeux, le chef-d'œuvre du Directeur des travaux de la ville de Paris devint un ferment de civilisation appliquée par l'influence seule du jardinage. Conception hardie, exécution artistique. Le nom glorieux de M. Alphand et de ses vaillants collaborateurs est inscrit au Livre d'or de l'Horticulture française.

Ne serait-ce pas l'occasion de répéter ce mot d'Étienne Masson, jardinier de la Société royale d'horticulture de la Seine, à son retour d'une visite aux grands jardins de l'Europe septentrionale, en 1847 ? « La France tient encore les rênes du mouvement horticole et en possède les plus beaux monuments... »

Telles sont les grandes artères de la vie horticole pendant un siècle et les résultats qu'elle a donnés. Le progrès a-t-il été en raison des sacrifices ? Sommes-nous restés à la hauteur de la tâche ? Peut-être les générations futures trouveront-elles que nous avons été bien naïfs ou quelque peu arriérés ; mais nous pouvons dire sans forfanterie que, dans l'histoire de l'Horticulture française, aucune époque n'aura été plus féconde !

FIN.

PIERRE JOIGNEAUX
(1815-1892)

Pierre Joigneaux, né le 23 décembre 1815, à Varennes-lès-Ruffey, près Beaune, est décédé le 26 janvier 1892, à Bois-Colombes, au cours de la publication de cet ouvrage.

Par ses nombreuses publications agricoles et horticoles devenues promptement populaires, par son initiative législative à la création de l'École nationale d'horticulture et par son dévouement absolu à son pays,... Pierre Joigneaux a bien mérité de la patrie.

Sa physionomie sympathique et bien connue a naturellement sa place parmi nos illustrations agronomiques.

Prime d'honneur de l'Horticulture
décernée par le Ministère de l'Agriculture (modèle de 1887).

ANNEXE

LISTE CHRONOLOGIQUE des Personnages qui ont eu la direction officielle de l'agriculture et de l'horticulture dans leurs attributions ministérielles ou équivalentes, de 1789 à 1889.

D'après les *Études historiques sur l'administration de l'Agriculture en France*, par M. Mauguin et l'*Annuaire du Ministère de l'Agriculture*.)

MINISTÈRE DE LA MARINE ET CONTROLEURS GÉNÉRAUX DES FINANCES.

(*Édit du 24 septembre 1718.*)

César-Henri, comte DE LA LUZERNE, ministre de la Marine, du 23 décembre 1787 au 11 juillet 1789.

Jacques NECKER, directeur général des Finances, du 20 août 1788 au 4 septembre 1790.

Arnaud DE LAPORTE, ministre, 11 juillet 1789.

César-Henri, comte DE LA LUZERNE, 16 juillet 1789.

Antoine DE VALDEC DE LESSART, ministre, 4 septembre 1790.

Charles-Pierre CLARET, comte DE FLEURIEU, ministre, 21 octobre 1790.

MINISTÈRE DE L'INTÉRIEUR.

(*Loi du 27 avril-25 mai 1791.*)

Antoine DE VALDEC DE LESSART, 25 janvier 1791.

Charles CAHIER DE GERVILLE, 29 novembre 1791.

Jean-Marie ROLLAND DE LA PLATIÈRE, 23 mars 1792.

Jacques-Augustin MOURGUES, 13 juin 1792.

Antoine-Marie-René TERRIER DE MONCIEL, 18 juin 1792.

Christophe CHAMPION DE VILLENEUVE, 21 juillet 1792.

Jean-Marie ROLLAND DE LA PLATIÈRE, 10 août 1792.

Dominique-Joseph GARAT, 23 janvier 1793.

Jules-François PARÉ, 20 août 1793.

Jean-Michel-Alexandre GOUJON, 5 avril 1794 (16 germinal an II).

Martial-Jean-Arnaud HERMANN, 8 avril 1794 (19 germinal an II).

LANNE, adjoint au ministre, même date.

COMMISSIONS EXÉCUTIVES.

Loi du 12 germinal an II (1er avril 1794).

Du 18 avril 1794 (29 germinal an II) au 2 octobre 1795 (10 vendémiaire an IV), les Commissaires à la *Commission d'agriculture et des arts* ont été successivement : Brunet, Gateau, Lhuillier, Berthollet, Lhéritier de Brutelle, Laugier, Tissot, Dubois de Jancigny.

Commission du commerce et des approvisionnements. — Du 18 avril 1794 (29 germinal an II) au 5 octobre 1794 (14 vendémiaire an III), successivement : Johannot, Picquet, Pontonnier.

Commission des approvisionnements. — Du 5 octobre 1794 (14 vendémiaire an III) au 1er septembre 1795 (15 fructidor an III), successivement : Magin, Léguiller, Monneron, Lepayen, Mottet, Combes.

MINISTÈRE DE L'INTÉRIEUR.

Loi du 10 vendémiaire an IV (2 octobre 1795).

Pierre Benezech, 3 novembre 1795 (12 brumaire an IV).

Nicolas-Louis-François de Neufchateau, 16 juillet 1797 (28 messidor an V).

Charles-Louis-François-Honoré Letourneur, 14 septembre 1797 (28 fructidor an V).

François de Neufchateau, 17 juin 1798 (29 prairial an VI).

Marie Quinette, 22 juin 1799 (4 messidor an VII).

Pierre-Simon Laplace, plus tard comte, puis marquis de Laplace, 12 novembre 1799 (21 brumaire an VIII).

Lucien Bonaparte, 25 décembre 1799 (4 nivôse an VIII).

Jean-Antoine Chaptal, comte de Chanteloup, 6 novembre 1800 (15 brumaire an IX).

Jean-Baptiste-Nompère de Champagny, duc de Cadore, 8 août 1804 (20 thermidor an XII).

Emmanuel Cretet, comte de Champmol, 9 août 1807.

Jean-Pierre Bachasson, comte de Montalivet, 1er octobre 1809.

MINISTÈRE DES MANUFACTURES ET DU COMMERCE.

(Décrets des 22 juin 1811 et 19 janvier 1812.)

Jean-Baptiste, comte Collin de Sussy, 16 janvier 1812.

MINISTÈRE DE L'INTÉRIEUR.

(*Décret du 5 avril 1814.*)

Pierre-Vincent BENOIST, plus tard comte BENOIST (par intérim 3 avril 1814.
Jacques-Claude, comte BEUGNOT (Commissaire), 17 avril 1814.
François-Xavier, duc et abbé DE MONTESQUIOU, 13 mai 1814.
Hugues MARET, duc DE BASSANO (par intérim), 20 mars 1815.
Lazare-Nicolas-Marguerite, comte CARNOT, 26 mars 1815.
Étienne-Denis, baron, puis duc PASQUIER (ministre provisoire), 9 juillet 1815.
Vincent-Marie VIÉNOT, comte de VAUBLANC, 24 septembre 1815.
Amable-Guillaume-Prosper BRUGIÈRE, baron DE BARANTE (par intérim, en l'absence de M. de Vaublanc), 26-30 septembre 1815.
Joseph Louis Joachim, vicomte LAINÉ, 7 mai 1816.
Élie, duc DECAZES, 29 décembre 1818.
Joseph-Jérôme, comte SIMÉON, 21 février 1820.
Jacques-Joseph-Guillaume-Pierre, comte CORBIÈRE, 14 décembre 1821.
Jean-Baptiste-Silvère ALGAY, vicomte DE MARTIGNAC, 4 janvier 1828.

MINISTÈRE DU COMMERCE ET DES MANUFACTURES.

(*Ordonnances royales des 4 et 22 janvier 1828.*)

Pierre-Laurent-Barthélemy, comte DE SAINT-CRICQ, 4 janvier 1828.

MINISTÈRE DE L'INTÉRIEUR.

(*Ordonnance royale du 8 août 1829.*)

François-Régis, comte DE LA BOURDONNAIE, 8 août 1829.
Guillaume-Isidore BARON, comte DE MONTBEL, 18 novembre 1829.
Charles-Ignace, comte DE PEYRONNET, 19 mai 1830.
Jean-Jacques BAUDE (commissaire provisoire), 29-30 juillet 1830.
Casimir PERIER (commissaire provisoire), 30 juillet 1830.
François-Pierre-Guillaume GUIZOT, 1er août 1830.
Camille BACHASSON, comte DE MONTALIVET, 2 novembre 1830.

MINISTÈRE DU COMMERCE ET DES TRAVAUX PUBLICS.

(*Ordonnance royale du 17 mars 1831.*)

Antoine-Marie-Appolinaire, comte D'ARGOUT, 13 mars 1831.
Marie-Joseph-Louis-Adolphe THIERS, 31 décembre 1832.

MINISTÈRE DU COMMERCE.

(Ordonnance royale du 6 avril 1834.)

Charles-Marie TANNEGUY, comte DUCHATEL, 4 avril 1834.
Jean-Baptiste TESTE, 10 novembre 1834.
Charles-Marie TANNEGUY, comte DUCHATEL, 18 novembre 1834.

MINISTÈRE DU COMMERCE ET DES TRAVAUX PUBLICS.

(Ordonnance royale du 2 mars 1836.)

Hippolyte-Philibert PASSY, 22 février 1836.
Charles-Marie TANNEGUY, comte DUCHATEL (par intérim), 6 septembre 1836.

MINISTÈRE DES TRAVAUX PUBLICS, DE L'AGRICULTURE ET DU COMMERCE.

(Ordonnance royale du 19 septembre 1836.)

Nicolas-Ferdinand—Marie-Louis-Joseph MARTIN (du Nord), 19 septembre 1836.
Comte DUCHATEL (par intérim), 19 septembre 1836-16 octobre 1836.
Adrien-Etienne-Pierre, comte de GASPARIN (par intérim), 31 mars 1839.

MINISTÈRE DE L'AGRICULTURE ET DU COMMERCE.

(Ordonnance royale du 25 mai 1839.)

Laurent CUNIN-GRIDAINE, 12 mai 1839.
Alexandre GOUIN, 1er mars 1840.
Laurent CUNIN-GRIDAINE, 29 octobre 1840.
Eugène BETHMONT (ministre provisoire), 24 février 1848.
Ferdinand FLOCON, 11 mai 1848.
Charles-Gilbert TOURRET, 28 juin 1848.
Jacques-Alexandre BIXIO, 20 décembre 1848.
Louis-Joseph BUFFET, 29 décembre 1848.
Victor, vicomte LANJUINAIS, 2 juin 1849.
Jean-Baptiste DUMAS, 31 octobre 1849.
Louis-Bernard BONJEAN, 9 janvier 1851.
Eugène SCHNEIDER, 24 janvier 1851.
Louis-Joseph BUFFET, 10 avril 1851.
François-Xavier, comte DE CASABIANCA, 26 octobre 1851.
Noël-Jacques LEFEBVRE-DURUFLÉ, 23 novembre 1851.

MINISTÈRE DE L'INTÉRIEUR, DE L'AGRICULTURE ET DU COMMERCE.

(Décret du 25 janvier 1852.)

Jean-Gilbert-Victor FIALIN, comte, puis duc DE PERSIGNY, 25 janvier 1852.

MINISTÈRE DE L'AGRICULTURE, DU COMMERCE ET DES TRAVAUX PUBLICS.

(Décret du 23 juin 1855.)

Pierre MAGNE, 23 juin 1853.
Eugène ROUHER, 3 février 1855.
Armand BÉHIC, 22 juin 1863.
Jean-Louis-Victor-Adolphe DE FORCADE LA ROQUETTE, 20 janvier 1867.
Edouard-Valery GRESSIER, 17 décembre 1868.

MINISTÈRE DE L'AGRICULTURE ET DU COMMERCE.

(Décret du 17 juillet 1869.)

Paul-Augustin-Alfred LEROUX, 17 juillet 1869.
Charles LOUVET, 2 janvier 1870.
Clément DUVERNOIS, 9 août 1870.
Joseph MAGNIN, 4 septembre 1870.
Félix-Edouard-Hippolyte LAMBRECHT, 19 février 1871.
Edouard-Edme-Victor-Etienne LEFRANC, 5 juin 1871.
Marie-Thomas-Eugène DE GOULARD, 6 février 1872.
Pierre-Edmond TEISSERENC DE BORT, 23 avril 1872.
Joseph, comte DE LA BOUILLERIE, 25 mai 1873.
Alfred-Nicolas DESEILLIGNY, 26 novembre 1873.
Louis-René-Joachim GRIVART, 22 mai 1874.
Marie-Camille-Alfred, vicomte DE MEAUX, 10 mars 1875.
Pierre-Edmond TEISSERENC DE BORT, 9 mars 1876.
Marie-Camille-Alfred, vicomte DE MEAUX, 18 mai 1877.
Jules-Antoine SAINTE-MARIE-OZENNE, 23 novembre 1877.
Pierre-Edmond TEISSERENC DE BORT, 13 décembre 1877.
Edme-Charles-Philippe LEPÈRE, 4 février 1879.
Pierre-Emmanuel TIRARD, 5 mars 1879.

MINISTÈRE DE L'AGRICULTURE.

(Décret du 14 novembre 1881.)

Pierre-Paul Devès, 14 novembre 1881.
François-Césaire de Mahy, 30 janvier 1882.
Jules Méline, 21 février 1883.
Charles-François Hervé-Mangon, 6 avril 1885.
Pierre-Eugène-Hippolyte Gomot, 9 novembre 1885.
Jules Develle, 7 janvier 1886.
Paul-François Barbe, 31 mai 1887.
François-Jules-Stanislas Viette, 13 décembre 1887.
Léopold Faye, 23 février 1889.

Quelques mois après la clôture de l'Exposition universelle, le 17 mars 1890, M. Jules Develle acceptait, pour la seconde fois, le portefeuille de l'Agriculture et conservait les quatre directions de son département : 1° Agriculture; 2° Forêts; 3° Haras; 4° Hydraulique agricole.

L'honorable M. Eugène Tisserand, Inspecteur-général de l'Agriculture, Conseiller d'État et grand-officier de la Légion d'honneur, est Directeur de l'Agriculture au Ministère depuis le 14 février 1879. Les services horticoles appartiennent à son administration.

Médaille donnée par le Ministère de l'Agriculture
dans les Expositions et Concours agricoles ou horticoles.

Nous devons une partie des clichés qui figurent dans cet ouvrage à l'obligeance des Administrations, des Sociétés ou des Éditeurs ci-après :

MINISTÈRE DE L'AGRICULTURE.

Les *Primes d'honneur de l'Agriculture*, publiées jusqu'en 1882 avec le concours de M. Gustave Heuzé, inspecteur général de l'Agriculture.

MINISTÈRE DU COMMERCE, DE L'INDUSTRIE ET DES COLONIES.

Exposition universelle internationale de 1889 à Paris. — Rapport général par M. Alfred Picard, président de section au Conseil d'État, rapporteur général.

SOCIÉTÉ NATIONALE D'ACCLIMATATION DE FRANCE.

Revue des Sciences naturelles appliquées.

LIBRAIRIE AGRICOLE DE LA MAISON RUSTIQUE (rue Jacob, 26, Paris).

Revue horticole, rédacteurs en chef. MM. E.-A. Carrière et Ed. André.
Les plantes de terre de bruyère, par Edouard André.
L'École nationale d'horticulture de Versailles, par Édouard André.

LIBRAIRIE GEORGES MASSON (boulevard Saint-Germain, 120, Paris).

Le *Livre de la ferme et des maisons de campagne*, publié sous la direction de Pierre Joigneaux.
L'*Art de greffer*, par Charles Baltet.
Traité de la culture fruitière commerciale et bourgeoise, par Ch. Baltet.

LIBRAIRIE ALFRED MAME ET FILS, A TOURS.

Histoire des Jardins, par Arthur Mangin.

MAISON VILMORIN-ANDRIEUX ET Cⁱᵉ (quai de la Mégisserie, 4, Paris).

Album de clichés de légumes et de fleurs.

Médaille du Ministère de l'Agriculture. (Face.)

Prime d'honneur de l'Arboriculture
décernée par le Ministère de l'Agriculture (modèle de 1887).

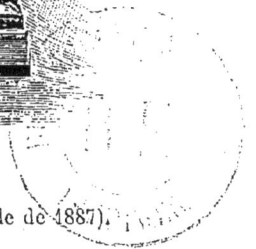

TABLE

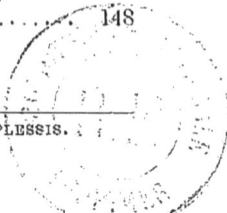

VERSAILLES. — IMPRIMERIE CERF ET Cⁱᵉ, 59, RUE DUPLESSIS.

www.ingramcontent.com/pod-product-compliance
Lightning Source LLC
Chambersburg PA
CBHW071846200326
41519CB00016B/4260